Web Security for Developers: Real Threats, Practical Defense

Web開發者一定要懂的駭客攻防術

告訴您駭客的手法，同時告訴您如何進行防禦

Malcolm McDonald 著／江湖海

給愛妻 Monica，請原諒我為了本書，

讓妳在週末忍受寂寞與孤獨；

還有可愛喵喵 Haggis，三不五時就來騷擾我打字。

關於作者

Malcolm McDonald所架設的安全程式培訓網站hacksplaining.com，很受Web開發人員喜愛，他本身也擁有20年以上為金融機構和新創企業撰寫程式的經驗，憑藉領導團隊開發系統的心得，以淺顯易懂的文字，發表有關漏洞利用及安全防範的教學資訊。Malcolm與妻子及他的愛貓居住於加州奧克蘭市。

技術審校者

從早期的Commodore PET和VIC-20電腦開始，Cliff Janzen就醉心於資訊技術，幾近痴迷！能夠和業界優秀人才合作，並向他們學習，包括Malcolm和No Starch的編輯群等，Cliff一直心懷感激。Cliff的主要工作是管理和指導一支由專家組成的資安團隊，藉由處理上至資安政策審查，下至滲透測試業務，致力維持他在技術上的素養。對於能夠將興趣與工作結合，又得到妻子的支持，讓他倍感滿足！

CONTENTS

目錄

12
資訊洩漏 157

13
加解密機制 163

14
第三方元件 181

ACKNOWLEDGMENTS

致謝

感謝 No Starch 編輯群協助文字付梓：Katrina、Laurel、Barbara、Dapinder、Meg、Liz、Matthew、Annie、Jan、Tyler 和 Bill。還有不斷垂詢「書寫好了沒？」的同事們：Dmitri、Adrian、Dan、JJ、Pallavi、Mariam、Rachel、Meredith、Zo 和 Charlotte。還要感謝 Hilary 為第一章校對！感激 NetSparker 的 Robert Abela 贊助我架設網站。

向替我挑出網站內容錯別字的各位英雄們致敬，謝謝 Vinney、Jeremy、Cornel、Johannes、Devui、Connor、Ronans、Heath、Trung、Derek、Stuart、Tim、Jason、Scott、Daniel、Lanhowe、Bojan、Cody、Pravin、Gaurang、Adrik、Roman、Markus、Tommy、Daria、David、T、Alli、Cry0genic、Omar、Zeb、Sergey、Evans 和 Marc。

感激爸媽！終於認同我寫這本書是有實質意義的工作，而不是「玩玩電腦罷了」，還要謝謝我的兄弟 Scott 和 Ali，縱然擁有閃亮的博士學位，但他們可沒出版過書籍！當然，也不能忘了老婆 Monica 在我撰寫本書期間所付出的耐心和支持，以及可愛的 Haggis，除了有時嘔吐在沙發外，大部分時間讓我可以安心打字。

翻譯風格說明

資訊領域中，許多英文專有名詞翻譯成中文時，在意義上容易混淆，有些術語的中文譯詞相當混亂，例如 interface 有翻成「介面」或「界面」，為清楚傳達翻譯的意涵，特將本書有關術語之翻譯方式酌作如下說明，若與讀者的習慣用法不同，尚請體諒：

術語	說明
bit Byte	bit 和 Byte 是電腦資訊計量單位，bit 翻譯為位元、Byte 翻譯為位元組，學過計算機概論的人一定都知道，然而位元和位元組混雜在中文裡，反而不易辨識，為了閱讀簡明，本書不會特別將 bit 和 Byte 翻譯成中文。 譯者並故意用小寫 bit 和大寫 Byte 來強化兩者的區別。
cookie	是瀏覽器管理的小型文字檔，提供網站應用程式儲存一些資料紀錄（包括 session ID），直接使用 cookie 應該會比翻譯成「小餅」、「餅屑」更恰當。
host	網路上舉凡配有 IP 位址的設備都叫 host，所以在 IP 協定的網路上，會視情況將 host 翻譯成主機，或直接以 host 表示。 對比虛擬機（VM）環境，host 則是指用來裝載 VM 的實體機，習慣上稱為「宿主主機」。
interface	在程式或系統之間時，翻為「介面」，如應用程式介面。在人與系統或人與機器之間，則翻為「界面」，如人機界面、人性化界面。
payload	有人翻成「有效載荷」、「有效負載」、「酬載」等，無論如何都很難和 payload 的意涵匹配，因此本書選用簡明的譯法，就翻譯成「載荷」
plugin plug-in extension add-in add-on	不是應用程式原生的功能，由第三方提供，用以擴展主程式功能的元件，在英文有很多種叫法，中文也有各式翻譯，如：插件、外掛、外掛程式、擴充套件、擴充功能等等，本書採用最精簡的譯法，翻譯成「插件」。

術語	說明
port	資訊領域中常見 port 這個詞，臺灣通常翻譯成「埠」，中國翻譯成「端口」，在 TCP/IP 通訊中，port 主要用來識別流量的來源或目的，有點像銀行的叫號櫃檯，是資料的收發窗口，譯者偏好叫它為「端口」。實體設備如網路交換器或個人電腦上的連線接座也叫 Port，但因確實有個接頭「停駐」在上面，就像供靠岸的碼頭，這類實體 port 偏好翻譯成「埠」或「連接埠」。 讀者從「端口」或「埠」就可以清楚分辨是 TCP/IP 上的 port 或者設備上的 port。
protocol	在電腦網路領域多翻成「通訊協定」，為求文字簡潔，本書簡稱為「協定」。
session	網路通訊中，session 是指從建立連線，到結束連線（可能因逾時、或使用者要求）的整個過程，有人翻成「階段」、「工作階段」、「會話」、「期間」或「交談」，但這些不足以明確表示 session 的意義，所以有關連線的 session 仍採英文表示。
traffic	是指網路上傳輸的資料或者通訊的內容，有人翻成「流量」、「交通」，而更貼切是指「封包」，但因易與 packet 的翻譯混淆，所以本書延用「流量」的譯法。

公司名稱或人名的翻譯

家喻戶曉的公司，如微軟（Microsoft）、谷歌（Google）、臉書（Facebook）、推特（Twitter）在臺灣已有標準譯名，使用中文不會造成誤解，會適當以中文名稱表達，若公司名稱採縮寫形式，如 IBM 翻譯成「國際商業機器股份有限公司」反而過於冗長，這類公司名稱就不中譯。

有些公司或機構在臺灣並無統一譯名，採用音譯會因譯者個人喜好，造成中文用字差異，反而不易識別，因此，對於不常見的公司或機構名稱將維持英文表示。

人名翻譯亦採行上面的原則，對眾所周知的名人（如川普、柯林頓、希拉蕊），會採用中譯文字，一般性的人名（如 Jill、Jack）仍維持英文。

產品或工具程式的名稱不做翻譯

由於多數的產品專屬名稱若翻譯成中文反而不易理解，例如 Microsoft Office，若翻譯成微軟辦公室，恐怕沒有幾個人看得懂，為維持一致的概念，有關產品或軟體名稱及其品牌，將不做中文翻譯，例如 Windows、Chrome、Python。

縮寫術語不翻譯

許多電腦資訊領域的術語會採用縮寫字，如 UTF、HTML、CSS、...，活躍於電腦資訊的人，對這些縮寫字應不陌生，若採用全文的中文翻譯，如 HTML 翻譯成「超文本標記語言」，反而會失去對這些術語的感覺，無法充份表達其代表的意思，所以對於縮寫術語，如在該章第一次出現時，會用以「中文（英文縮寫）」方式註記，之後就直接採用縮寫。如下列例句的 SMTP、XMPP、FTP 及 HTTP：

> 電子郵件是使用**簡單郵件傳輸協定**（*SMTP*）來發送；即時通訊軟體則常使用**可擴展信息和呈現協定**（*XMPP*）；檔案伺服器利用**檔案傳輸協定**（*FTP*）提供下載服務；而 *Web* 伺服器則使用**超文本傳輸協定**（*HTTP*）

為方便讀者查閱全文中英對照，譯者特將本書用到的縮寫術語之全文中英對照整理如下節「縮寫術語全稱中英對照表」，必要時讀者可翻閱參照。

部分不按文字原義翻譯

因為風土民情不同，對於情境的描述，國內外各有不同的文字藝術，為了讓本書能夠貼近國內的用法及閱讀上的順暢，有些文字並不會按照原文直譯，譯者會對內容酌做增減，若讀者採用中、英對照閱讀，可能會有語意上的落差，造成您的困擾，尚請見諒。

縮寫術語全稱中英對照表

縮寫	英文全文	中文翻譯
ACL	Access Control List	存取控制清單
AD	Active Directory	（微軟的）活動目錄
AES	Advanced Encryption Standard	進階加密標準
AMI	Amazon Machine Image	亞馬遜虛擬機映像
API	Application Programming Interface	應用程式介面
ARPANET	Advanced Research Projects Agency Network	高階研究計畫署網路
AWS	Amazon Web Services	亞馬遜網路服務公司
BNF	Bachus–Naur Form	巴科斯 - 諾爾形式
CA	Certificate Authority	憑證授權中心
CAPTCHA	Completely Automated Public Turing test to tell Computers and Humans Apart	圖形驗證碼
CDN	content delivery networks	內容遞送網路
CEO	Chief Executive Officer	執行長
CERN	the European Organization for Nuclear Research	歐洲核子研究中心
CGI	Common Gateway Interface	通用閘道器介面
CI	continuous integration	持續整合

縮寫	英文全文	中文翻譯
CIS	Center for Internet Security	網際網路安全中心
CLR	common language runtime	通用語言執行平臺
CMS	content management system	內容管理系統
CSP	Content Security Policy	內容安全原則
CSR	certificate signing request	憑證簽章請求
CSS	Cascading Style Sheets	層疊樣式表
DBA	database administrator	資料庫管理員
DDL	data definition language	資料定義語言
DKIM	DomainKeys Identified Mail	網域金鑰識別郵件
DML	Data Manipulation Language	資料操縱語言
DN	Distinguished Name	特異名稱
DN	Domain Name	網域名稱（簡稱域名）
DNS	Domain Name System	網域名稱系統
DOM	Document Object Model	文件物件模型
DoS	Denial of Service Attack	阻斷服務攻擊
DTD	Document Type Definition	文件型別定義
EC2	(Amazon) Elastic Compute Cloud	(亞馬遜)彈性雲端運算
ECDH	Elliptic Curve Diffie–Hellman	橢圓曲線迪菲 - 赫爾曼
ERB	Embedded Ruby	嵌入式 Ruby
EV	extended validation (certificate)	擴充驗證(憑證)
FTP	File Transfer Protocol	檔案傳輸協定
HSTS	HTTP Strict Transport Security	HTTP 強制安全傳輸
HTML	HyperText Markup Language	超文本標記語言
HTTP	HyperText Transfer Protocol	超文本傳輸協定
IaaS	Infrastructure as a Service	基礎架構即服務

縮寫	英文全文	中文翻譯
ICANN	Internet Corporation for Assigned Names and Numbers	網際網路名稱與數字位址分配機構
ICMP	Internet Control Message Protocol	網際網路控制訊息協定
IE	Internet Explorer	微軟提供的網頁瀏覽器
IoT	Internet of Things	物聯網
IP	Internet Protocol	網際網路通訊協定
IPS	Intrusion Prevention System	入侵防禦系統
ISP	Internet Service Provider	網際網路服務供應商
JSON	JavaScript Object Notation	JavaScript 物件表示式
LDAP	Lightweight Directory Access Protocol	輕型目錄存取協定
MAC	message authentication code	信息鑑別碼（密碼學）
MFA	multifactor authentication	多因子身分驗證
MITM	man-in-the-middle	中間人
NCSA	National Center for Supercomputing Applications	國家超級電腦應用中心
NIST	National Institute of Standards and Technology	美國國家標準技術研究所
NPM	Node Package Manager	Node 套件管理員
NSA	National Security Agency	美國國家安全局（國安局）
OWASP	Open Web Application Security Project	開放網頁應用程式安全計畫
PaaS	Platform as a Service	平臺即服務
QA	Quality Assurance	品質保證
RCE	remote code execution	遠端程式碼執行
REST	Representational State Transfer	表現層狀態轉換

縮寫	英文全文	中文翻譯
RSA	Rivest, Shamir and Adleman	由 Ron Rivest、Adi Shamir 及 Leonard Adleman 共同發明的加密演算法，以三人姓氏的第一個字母命名
RUDY	R-U-Dead-Yet?	你死了嗎？
S3	(Amazon) Simple Storage Service	(亞馬遜)簡易儲存服務
SAML	Security Assertion Markup Language	安全認定標記語言
SDK	Software Development Kit	軟體開發套件
SDLC	Software Development Lifecycles	軟體發展生命周期
SMTP	Simple Mail Transfer Protocol	簡單郵件傳輸協定
SPA	Single-page apps	單頁應用程式
SPF	Sender Policy Framework	寄件者策略框架
SQL	Structured Query Language	結構化查詢語言
SSRF	server-side request forgery	伺服器端請求偽造
TCP	Transmission Control Protocol	傳輸控制協定
TLS	Transport Layer Security	傳輸層安全協定
TTL	Time to Live	存活時間
UDP	User Datagram Protocol	使用者資料流協定
URL	Uniform Resource Locator	統一資源定位地址
WAF	Web Application Firewall	網站應用程式防火牆
WWW	World Wide Web	全球資訊網
XML	Extensible Markup Language	可擴展標記語言
XMPP	Extensible Messaging and Presence Protocol	可擴展信息和呈現協定
XSD	XML Schema Definition	XML 結構描述定義
XSS	Cross-site scripting	跨站點腳本
YAML	YAML Ain't Markup Language	YAML 不是一種標記語言

INTRODUCTION

章序

本書目標

目標讀者

網際網路簡史

本書內容摘要

INTRODUCTION

網頁系統（Web）的生態已讓人難以想像，原以為網際網路是由專家精心設計而成，它所處理的一切事物都充滿理性，事實上，它的發展過程是高速而隨性的，現今，人們在網際網路的所作所為已遠遠超出原創者的預想。

維護網站安全似乎成了艱鉅任務。網站是一種獨特的應用軟體，能夠即時向數百萬名使用者發布訊息，這些使用者也包括積極活動的駭客們。大公司時常會遭受資安危害，每週都有新的資料外洩事件，面對這種情況，孤獨的 Web 開發人員要如何保護自己呢？

本書目標

Web 安全的天大秘密是漏洞類型其實相當少，一本書剛好可以介紹完畢，這些年來，漏洞型式變化不太大，本書會提供開發人員必須知道的重要威脅，並按部就班說明防禦攻擊的實際步驟。

目標讀者

對於剛踏入 Web 系統開發領域的人，本書可以快速引導你漫步安全 Web 應用系統開發的旅途，不論是剛取得電腦科學資格證書、初自短期訓練班結訓或自學成才的讀者，都建議徹底閱讀本書內容。本書帶有滿滿的資安知識精華，藉由簡明的範例及易懂的文字提供直觀講解，現在就為即將面臨的威脅做好充分準備，未來便可省掉許多麻煩。

所謂溫故知新，老道的程式設計師也能從書中獲得 Web 安全的知識，彌補可能遭遇的資安落差，將它當作一本參考書，可以針對有興趣的章節進行深入研究。對於沒碰過的事，人們不見得都瞭解！身為經驗豐富的 Web 程式設計師，有責任以身作則，引領團隊遵循最佳的安全實踐典範。

閱讀本書時，應該會注意到本書非針對特定程式語言而編寫，但筆者仍會盡量對主流語言提出安全建議，多數設計師終其一生會用到不同程式語言，無論使用哪種語言，深入瞭解 Web 安全，都能提升專業含金量，比起將精力耗費在特定程式語言，學習 Web 安全的原理是更理想選擇。

網際網路簡史

在進入本書主題之前，回顧網際網路如何演變成今日局勢，將更能體會書中內容。由於諸多優秀工程師的奉獻，造就網際網路爆炸性成長，但就像大多數軟體專案一樣，為系統開發新功能時，安全通常都是留在事後補救，瞭解安全漏洞如何蔓延，在學習漏洞修補手法時，才能知悉彼此的因果關係。

全球資訊網（WWW）是 Tim Berners-Lee 任職歐洲核子研究中心（CERN）時發明的。歐洲核子研究中心的研究包括次原子粒子相互撞擊，希望裂解出更小的次原子粒子，進而解開宇宙的基本結構，據悉這種研究可能會在地球上產生黑洞。

Berners-Lee 顯然對於探究宇宙沒有太大興趣，反而將多數時間花在發明今日人們熟知的網際網路，最初是做為各大學分享研究心得的一種方法。他建立第一部 Web 伺服器及開發第一支 Web 瀏覽器，並發明超文本標記語言（HTML）和超文本傳輸協定（HTTP）。世上第一個網站於 1993 年上線。

早期的網頁只有文字型態，第一支能夠在網頁裡呈現圖片的瀏覽器，是美國國家超級計算應用程式中心（NCSA）開發的 Mosaic。Mosaic 的開發人員後來跳槽到網景通訊公司（Netscape），並開發出第一支廣受歡迎的領航員（Netscape Navigator）瀏覽器。在早期，網頁多數是靜態的，也沒有加密傳輸機制，那是一段純真的年代！

當瀏覽器有了腳本語言

快轉至 1995 年，網景新聘的 Brendan Eich 只花 10 天就發明了 JavaScript，這是第一套能夠嵌在網頁裡的程式語言。開發過程中，該語言原本叫作 Mocha，隨後換叫 LiveScript，後來又更名為 JavaScript，最終正式命名為 ECMAScript，但人們不喜歡 ECMAScript 這個名字，尤其 Eich 覺得這個名字聽起來像一種皮膚病，因此，除了正式場合外，大家都叫它 JavaScript。

JavaScript 的本質是結合 Java 語言的命名習慣（不然還有什麼關聯）和 C 的程式結構，以及不夠精準的 Self 原型繼承與 Eich 所設計令人難以苟同之資料型別轉換邏輯。不管是好是壞，事實上，JavaScript 已成為網路瀏覽器的公認語言，剎那間，網頁擁有互動能力，也開始出現一堆安全漏洞，駭客找到在網頁注入 JavaScript，執行跨站腳本（XSS）攻擊的方法，網際網路成了危險叢林。

新競爭者現身

網景領航員的第一位真正對手是微軟的 IE 瀏覽器，它具有兩大優勢：免費及預先安裝於 Windows 作業系統裡，很快地，IE 成為世上最受歡迎的瀏覽器，它的圖示成為啟動網際網路的代表符號，讓使用者可以快速瀏覽網際網路。

微軟企圖將 Web 網路「據為己有」，因此在 IE 引入 ActiveX 等專屬技術，卻不幸造成惡意軟體感染使用者電腦的事件暴增。一直以來，Windows 都是電腦病毒的主要攻擊目標，而網際網路正是傳播病毒的最佳途徑。

在 Mozilla 的 Firefox 及 Google Chrome 發行之前，IE 的領導地位不曾受到動搖，然而，這些新生的瀏覽器促使網際網路標準快速創新與成長。現今，駭客成為一種有利可圖的行業，只要一有安全漏洞就會立刻遭到利用，保護瀏覽器安全已成為廠商的重要責任，網站的擁有者若想保護使用者，就必須跟上資安新聞的腳步。

會編寫 HTML 的機器

Web 伺服器的進化和瀏覽器技術的發展同等迅速，早期主要是學術人員在架設 Web 網站，多數使用開源的 Linux 作業系統，1993 年，Linux 社群實作通用閘道器介面（*CGI*），讓網站管理員可輕鬆地在網站裡建立互連的靜態 HTML 頁面。

更有趣的，CGI 可透過腳本語言（如 Perl 或 PHP）產生 HTML，網站擁有者能夠根據資料庫中的內容動態建立頁面，PHP 原本代表個人化首頁（Personal Home Page），在當時是夢想每個人擁有自己的 Web 站台，而不是將所有個人資訊上傳到有隱私疑慮的社交平台。

網頁模板（*template*）檔的概念因 PHP 而廣被接受，模板檔指嵌有腳本標籤的 HTML 內容，PHP 的運算引擎可以在腳本標籤餵入資料，動態 PHP 網站（如早期的 Facebook）因而在網際網路發光發熱。然而，動態的伺服器端程式碼也帶來全新漏洞型態，駭客們發現執行注入攻擊的新方法，可以在伺服器端執行惡意程式碼，或利用目錄遍歷的弱點，探索伺服器的檔案系統。

網際網路的轉變

Web 技術不斷革新，然而，現今多數網際網路元件仍由「已過時」技術所支撐，當軟體功能達到符合所需要求時，就會進入「維護」模式，只在絕對必要時才進行重大改版，對於需要全天候運轉的 Web 伺服器更是如此。駭客會在網路上掃描運行舊版技術的站台，因為這些伺服器極可能存在安全漏洞，到目前為止，我們還在修補十年前首次出現的安全問題，所以筆者才要藉本書說明影響網站安全的軟體弱點。

今日網際網路的變革速度較以往更遽！汽車、門鈴、冰箱、電燈泡和家貓砂盤等支援網際網路的日常設備，都能夠為駭客提供新的攻擊向量。功能愈單純的物聯網（IoT）裝置，就愈不可能具備自動更新能力，因而造就大量不安全的網際網路節點，這些節點會形成龐大的殭

屍網路（*botnet*），讓駭客可由遠端安裝和控制這些惡意軟體代理環境，當駭客鎖定你的網站，這些代理環境就是他們最強的攻擊火力。

該擔心的事

網站開發人員常因無法適當保護網站安全而感到挫折，其實不必喪志，有一群資安研究人員正勇敢地探索及修補安全弱點，並將相關資訊撰寫成文件與我們分享，多數保護網站安全的工具皆可免費取得，而且容易上手。

瞭解常見的安全漏洞，並知道如何防堵，就能保護系統免受99%的攻擊，絕世高手總是有辦法突破這些防衛機制，但除非你的系統是像伊朗用來控制核子反應爐或者牽涉美國政治運動，否則大可不必擔心這些高手找上門。

本書內容摘要

全書分為兩部分，第一部分講述網際網路的基本工作原理；第二部分則深入研究如何防禦特定漏洞。主要內容安排如下：

第 1 章：入侵網站

從本章的說明，讀者應該能體認入侵網站其實沒有想像中困難。真的！就是那麼容易，所以這本書很值得你購買。

第 2 章：網際網路的運作原理

網際網路是依靠網際網路協定（IP）運行，IP 是由一系列網路技術組成，讓全球電腦可以無縫通訊，本章會介紹 TCP 協定、IP 位址、網域名稱和 HTTP 等觀念，並說明資料如何在網路上安全傳輸。

第 3 章：瀏覽器的運作原理

瀏覽器是使用者與網站互動的媒介，而它本身也存在許多安全弱點，本章會說明瀏覽器如何呈現網頁，以及如何在安全模型裡執行 JavaScript 程式碼。

第 4 章：伺服器的運作原理

為網頁所撰寫的多數程式碼都是在 Web 伺服器上執行的，Web 伺服器是駭客的主要攻擊目標，本章會說明 Web 伺服器如何供應靜態內容，以及如何透過動態內容（如前面提到的網頁模板檔）合併資料庫及其他系統所提供的資料，也會學到一些用於編寫 Web 系統的主要語言，以及各語言的安全應用考量。

第 5 章：WEB 系統的開發程序

本章會介紹開發網站應用系統的程式，以及如何養成減少程式錯誤和降低安全弱點的良好習慣。

第 6 章：注入攻擊

本章將藉由可能遇到的一種難纏威脅，開始進行網站漏洞調查之旅。這個弱點讓駭客能夠注入指令碼，並被伺服器執行，當網頁應用程式會與 SQL 資料庫或作業系統互動時，就極可能發生此弱點，攻擊結果也可能在 Web 伺服器注入遠端程式碼。另外，還會看到駭客如何利用檔案上傳功能注入惡意腳本。

第 7 章：跨站腳本攻擊

本章檢視惡意的 JavaScript 如何在瀏覽器環境發動攻擊，以及對這些攻擊的防範之道。跨站腳本（XSS）攻擊有三種不同類型：儲存型、反射型和 DOM 型，本章針對不同類型的 XSS 提供對應的防制方法。

第 8 章：跨站請求偽造攻擊

在本章將看到駭客如何利用偽造的請求，誘騙使用者執行非自主意願的動作，這是網際網路上的常見問題行為，網站擁有者有責任保護你的用戶。

第 9 章：攻擊身分驗證機制

如果使用者登入網站，網站就必須負起保護帳戶安全的責任。本章說明駭客用來突破登入頁面限制的各種手法，從暴力猜測密碼到帳號枚舉等，也會介紹如何安全地將使用者的身分憑據儲存在資料庫中。

第 10 章：連線狀態劫持

本章探討如何劫持已登入系統的帳戶，並學習如何藉由網站組態及 Cookie 安全來降低這種攻擊的影響。

第 11 章：規避權限管制

本章討論駭客藉由提權（privilege escalation）來存取受管制區域的手段，尤其是透過 URL 參照檔案的情境，駭客會嘗試透過目錄遍歷來探索網站的檔案系統。當然，筆者也會說明防範這類攻擊的技巧。

第 12 章：資訊洩漏

資訊洩漏可能會暴露出網站裡的漏洞，本章將提供阻止資訊外洩的方法。

第 13 章：加解密機制

本章說明如何正確使用加解密機制，以及此機制對網際網路的重要性，這裡會涉及一些數學原理。

第 14 章：第三方元件

在本章可學到如何管理第三方程式碼的漏洞。我們所執行的程式，有一大部分是由其他人所編寫的，應該要知道如何確保它的安全性！

第 15 章：XML 攻擊

如果 Web 伺服器會解析 XML，就可能遭受本章所提及的攻擊手法，幾十年來，XML 攻擊一直是受駭客們愛用的攻擊向量，絕對不能掉以輕心！

第 16 章：不要成為幫兇

正如本章所敘述的情況，你可能在無意中成為駭客攻擊他人的幫兇，想要成為優良的網際網路公民，須確保已修補自家系統的安全漏洞。

第 17 章：DoS 攻擊

本章將介紹如何利用龐大流量讓網站呈現離線狀態，以達成阻斷服務（DoS）的目的。

第 18 章：總複習

最後一章算是一份備忘清單，提供快速複習書中所學的安全重點及須牢記的高階安全準則，可做為每日睡前用心背誦的重點筆記。

LET'S HACK A WEBSITE

1

入侵網站

軟體漏洞與暗網

如何入侵網站

本書將提供關鍵的安全知識，增進 Web 開發人員必備實力，在開始學習這些知識之前，有必要先練習如何攻擊網站，將自己置於對手腳下，才能看清是對抗怎樣的敵人。本章會講解駭客的活動方式，也能見識到發動攻擊是多麼容易。

軟體漏洞與暗網

駭客專門利用系統裡的安全漏洞，其中網站就是他們攻擊的目標之一，在駭客社群中，一段用來入侵漏洞的程式碼稱為漏洞攻擊碼（*exploit*）。

一些好駭客（白帽駭客或道德駭客）以發掘安全漏洞為樂，若有找到漏洞，會在公開漏洞之前，先向軟體廠商和網站擁有者告知攻擊漏洞的方法，並以此賺取酬金。

有責任感的軟體廠商會為零時差（*zero-day*）漏洞製作修補程式，但就算軟體廠商發布漏洞修補程式，還是有許多機構未在第一時間完成漏洞修補，甚至過了好長一段時間仍未修補。

至於缺乏道德心的駭客（俗稱黑帽駭客）則會隱匿漏洞資訊，盡量延長利用此漏洞的時間，甚至在黑市販售漏洞攻擊碼以賺取比特幣。在現今網際網路上，漏洞攻擊碼很快就被武器化而整併到駭客社群常用的工具裡。

對使用這些漏洞開採工具的黑帽駭客而言，金錢是很大的誘因，暗網（*dark web*）就存在信用卡資訊、使用者帳戶及零時差攻擊碼的黑市交易，所謂暗網是指能隱蔽 IP 位址，只供特殊工具存取之網站。就像圖 1-1 所示，在暗網裡，被盜的各類資訊和已被入侵的伺服器常是熱門的交易對象。

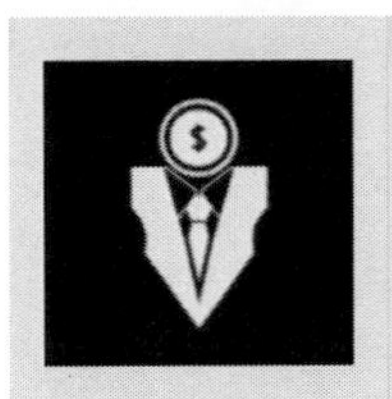

Welcome to Online CC Store CvvUnion.ws
. REGISTRATION FEE - 50$ (funds available for purchases)
. HIGH PRICE
• Ticket max response time — 72h;
• We do not guarantee balance on cc, AVS, only valid.
• We do not give 100% guarantee for card holder info: address, city, state, zip, phone and etc... All cards are going from sniffers "as is".
• If you buy cc and cc is not valid with our checker - you don't pay;
• If card have "valid" or "time off" status – there is no money-back;
• Charge for 1 check cc: dead — free, valid — 0.5$
• If checker shows "Valid" it means checker blocked amount on cc (1-10$), this amount will not be refunded!
• CC checking is available in 10 minutes. If you don't check card in 0-10 minutes, it gets status "time off". There is no money back from this status.
• We have the right to setup or change check time for different bases.
• We don't accept claims about checker as it's not our service;
• We can block your account forever for offending, inadequate behavior of attempts of service work violation;
• Upon here by registering You automatically agree with the rules stated above and You are introduced with it.
• We do not return money from your balance!
The Rules may be changed anytime without notification of members.
With all questions send ticket to support.
Follow the news. Good luck!
We accept Bitcoin / Litecoin / Dashcoin
We made some changes to the shop algorithms. It will be convenient for you.

圖 1-1：嗨！你顯然是俄羅斯的高級駭客，不是巡邏暗網的 FBI 探員，我想跟你購買一些信用卡資料

有些免費的駭客工具可以輕易攻擊最新漏洞，甚至不必到暗網去找，透過 Google 搜索，很快就能找到想要的東西了，來看看是如何辦到的。

如何入侵網站

要發動入侵其實不難，作業步驟如下：

1. 到 Google 搜尋並**下載 kali linux**。Kali 是專為駭客搭建的免費 Linux 作業系統，內建 600 多套安全和駭客工具，Kali 由 Offensive Security 的安全研究人員維護。

2. 在電腦上安裝虛擬機容器。讀者可在電腦的虛擬機容器裡安裝其他作業系統，不會覆蓋目前使用的作業系統之主機環境。免費的 Oracle VirtualBox 可以安裝在 Windows、macOS 或 Linux 上，透過虛擬機容器能夠輕易安裝及執行 Kali Linux，不必經由繁瑣的設定手續。

3. 在虛擬機容器中安裝 Kali Linux。只要雙擊下載回來的 Kali Linux 安裝程式就可以啟動安裝程序。

4. 啟動 Kali Linux，然後執行 Metasploit 框架。如圖 1-2 所示，*Metasploit* 是極受資安人員及駭客喜愛的命令列工具，可用於測試網站安全性和檢查漏洞。

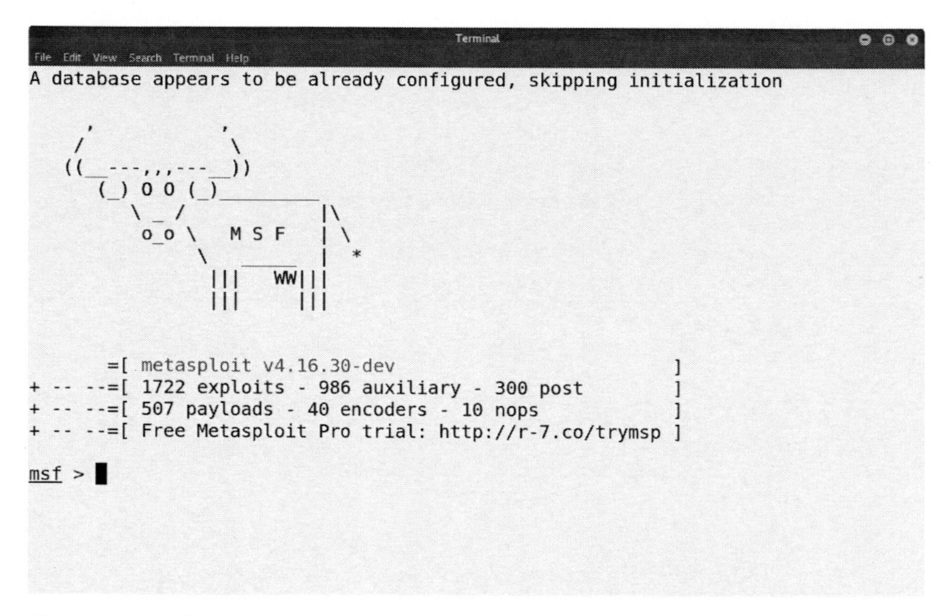

圖 1-2：只要擁有高超技術的 ASCII 字元乳牛，就能執行駭客攻擊。

5. 對目標網站執行 Metasploit 裡的 `wmap` 工具，查看找到哪些漏洞，執行結果類似圖 1-3。`wmap` 掃描網站的 URL，測試 Web 伺服器是否存在安全漏洞。基於法律責任，你只能在自己的網站執行這項掃描！

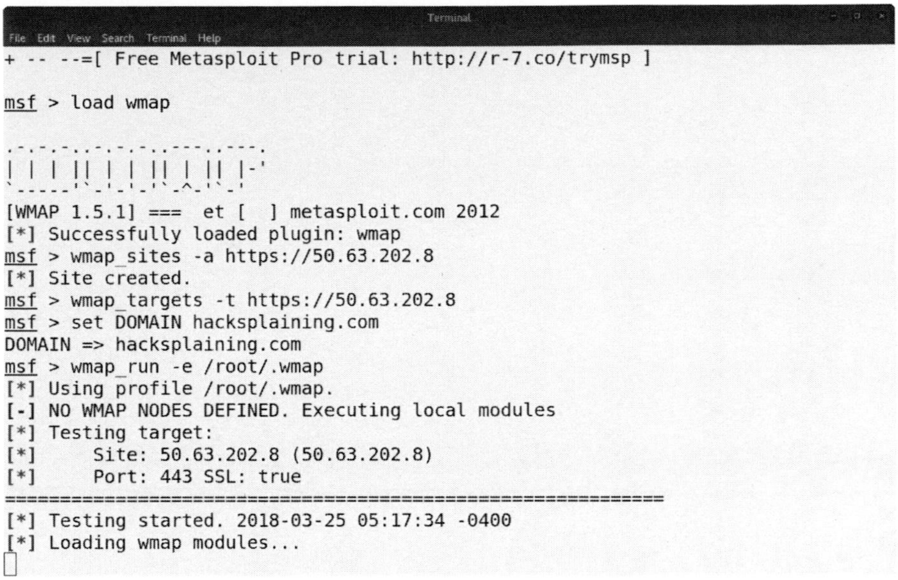

```
File  Edit  View  Search  Terminal  Help
+ -- --=[ Free Metasploit Pro trial: http://r-7.co/trymsp ]

msf > load wmap

.-.-.-..-.-.-..---..---.
| | | || | | || | || |-'
`-----'`-'-'-'`-^-'`-'
[WMAP 1.5.1] ===  et [  ] metasploit.com 2012
[*] Successfully loaded plugin: wmap
msf > wmap_sites -a https://50.63.202.8
[*] Site created.
msf > wmap_targets -t https://50.63.202.8
msf > set DOMAIN hacksplaining.com
DOMAIN => hacksplaining.com
msf > wmap_run -e /root/.wmap
[*] Using profile /root/.wmap.
[-] NO WMAP NODES DEFINED. Executing local modules
[*] Testing target:
[*]     Site: 50.63.202.8 (50.63.202.8)
[*]     Port: 443 SSL: true
============================================================
[*] Testing started. 2018-03-25 05:17:34 -0400
[*] Loading wmap modules...
```

圖 1-3：隨便攻擊別人的網站可是會觸及刑責

6. 從 Metasploit 資料庫選擇一支可以攻擊所發現的漏洞之攻擊碼。

有關駭客攻擊的步驟只能講到這裡！因為，再下一步就可能觸犯刑法，不過，從上面的說明顯而易見：對網站發動攻擊真的很容易！駭客想要使用 Metasploit 和 Kali Linux，只消幾分鐘就可部署完成，幾乎不需要特殊的專業知識，只要懂得如何判斷網站裡的漏洞，及選擇合適的攻擊碼即可。

身為 Web 開發人員，這正是我們所面對的現實，網際網路的任何人都能夠存取我們建置的網站，當然，也可以利用駭客工具瞄準這些網站。不過，不要驚慌！讀完本書，對網站安全的理解程度就可和駭客平起平坐，為駭客攻擊做好萬全的抗敵之道。首先來探討構成網際網路的協定套組。

THE BASICS

PART I

必要的基礎知識

HOW THE INTERNET WORKS

2

網際網路的運作原理

網際網路的協定套組

應用層協定

有狀態連線

傳輸加密

小結

想成為 Web 安全專家，必須瞭解網際網路的 Web 基礎技術和協定，本章會介紹網際網路上規範電腦交換 Web 資料的協定套組，以及連線狀態和加密機制，這些是近代 Web 系統的關鍵元素。筆者還會提示較容易出現安全漏洞的地方。

網際網路的協定套組

在早期，網際網路的資料交換機制並不可靠，網際網路的第一則訊息，是經由其前身美國高階研究計畫署網路（*ARPANET*）發給位於史丹佛大學的遠端電腦 LOGIN 命令，但只傳送了前兩個字母 LO 就斷線了，對美國軍方來說，這是一個大問題，因為他們正在尋求可以連線遠端電腦的方法，以便遭受蘇俄的核子攻擊而癱瘓部分網路時，仍可繼續交換資訊。

為了解決此問題，網路工程師發展出傳輸控制協定（*TCP*），確保電腦之間能夠可靠地交換資訊，網際網路協定套組大約由 20 種網路協定組成，TCP 就是其中一種，當某部電腦利用 TCP 將訊息發送給另一部電腦時，該訊息會被分解成一個以上的資料封包（簡稱封包），依照目的位址傳送到最終歸宿，而組成網際網路的橋接電腦只需將封包推向目的地，不必處理整個訊息。

當收受方電腦接收到封包後，根據每個封包的序號，將訊息正確地重組。收受方每收到一組封包，都會回送一份收據，如果收受方沒有確認收到封包，發送方可能會經由其他路徑重新發送該封包，按照這種方式，TCP 可以讓電腦在不可靠的網路上傳送資料。

隨著網際網路的成長，TCP 有了重大改進，現在發送的封包還帶有校驗碼（*checksum*），收受方可藉此檢查資料是否損毀，判斷是否要求重新發送該封包，發送方也會根據收受方的處理速度，主動調整發送速率。伺服器的效能通常比接收訊息的用戶端電腦要強得多，所以它們必須謹慎發送資料，避免耗盡用戶端的資源。

NOTE 因為具有傳輸保證機制，TCP 是最常被使用的協定，在今日，除了 TCP，還有其他幾種用於網際網路的傳輸協定，**使用者資料流協定(UDP)** 是較新的協定，它允許封包在傳輸過程中遺失，以便維持固定的資料傳輸速度，一般是用於傳送串流式的即時影音，因為，當網路擁塞時，消費者寧願捨棄部分訊框，也不願等待停頓的影片。

關於 IP 位址

網際網路上的封包會被送往網際網路協定（*IP*）位址所指的目的地，所謂 IP 位址即分配給網際網路上的電腦之編號，每一組 IP 位址都必須是唯一的，因此，IP 位址以結構化階層的方式發行。

最高階層是網際網路名稱與數字位址分配機構（*ICANN*），由它將 IP 位址網段分配給各區域的註冊管理機構（*regional authority*），區域管理機構將位址網段授予該區域的網際網路服務供應商（*ISP*）和託管機構。當使用者的電腦連線網際網路時，ISP 會分配一個 IP 位址給它，這個 IP 位址通常會維持幾個月不變（多數 ISP 會定期為電腦更換 IP 位址）。類似地，託管網際網路內容的公司，也會替連接網路的每部伺服器指定 IP 位址。

IP 位址是一組二進制數字，多數情況是以版本 4 的 IP（IPv4）型式呈現，可以容納 2^{32}（即 4,294,967,296）個位址，例如，Google 的網域名稱（DN）伺服器位址為 `8.8.8.8`。因為，IPv4 的位址空間即將耗盡、難以為繼，網際網路正逐步移轉到版本 6 的 IP（IPv6）位址，以便容納更多連網設備，IPv6 是以八組由冒號（:）分隔的四位數之十六進制數字表示，例如「`2001:0db8:0000:0042:0000:8a2e:0370:7334`」。

網域名稱系統（DNS）

瀏覽器和其他連接網際網路的軟體（統稱瀏覽代理）可以識別 IP 位址並正確傳送封包，但是 IP 位址實在不適合人類記憶，為了讓人們易以記住網站的位址，便使用一種叫作*網域名稱系統*（*DNS*）的全球通用目錄，將人類易讀的網域名稱（如 *example.com*）轉換成 IP 位址（如 `93.184.216.119`），網域名稱可視為 IP 位址的替代符號（placeholder）。就像 IP 位址一樣，網域名稱也是唯一的，在使用之前必須先向網域名稱註冊機構完成名稱註冊。

當瀏覽器第一次使用網域名稱連線時，會先從區域內的名稱伺服器（通常由 ISP 託管）查找對應的 IP，並將查詢結果記錄於本機（快取），以節省下次查找的時間，這種快取行為表示新網域或現有網域變更後，需要一段時間才會同步到整個網際網路。同步時間的長短受 DNS 紀錄的*存活時間*（*TTL*）變數控制，此變數代表 DNS 快取的有效期限，DNS 毒化即針對 DNS 快取所發動的一種攻擊行為，故意竄改本機的 DNS 快取內容，以便將資料繞送給駭客控制的伺服器。

網域名稱伺服器除回傳指定網域的 IP 位址外，還可以透過*正規名稱*（*CNAME*）紀錄描述網域別名，利用此紀錄可以讓多個網域名稱指向同一 IP 位址。DNS 還可以利用*郵件交換*（*MX*）紀錄幫助繞送電子郵件，第 16 章將介紹如何透過 DNS 紀錄來防制未經請求的電子郵件（垃圾郵件）。

應用層協定

TCP 能夠讓兩部電腦透過網際網路可靠地交換資料，但不會告訴電腦如何處理所發送的資料，為了正確理解資料內容，就需要套組裡的最高層協定，以便讓通訊雙方對所交換的資訊有一致看法，建立在 TCP 或 UDP 更上層的協定叫作*應用層協定*，從圖 2-1 可看出應用層協定是位於網際網路協定套組的 TCP 協定之上。

網際網路協定套組的較低層協定提供資料在網路的基本繞送機制，而較高的應用層則為應用程式提供多樣的資料交換結構，利用 TCP 作為網際網路傳輸機制的應用程式有很多類型，例如，電子郵件是使用簡單郵件傳輸協定（*SMTP*）來發送；即時通訊軟體則常使用可擴展信息和呈現協定（*XMPP*）；檔案伺服器利用檔案傳輸協定（*FTP*）提供下載服務；而 Web 伺服器則使用超文本傳輸協定（*HTTP*）。Web 是我們的主要目標，這裡會提供更多關於 HTTP 的說明。

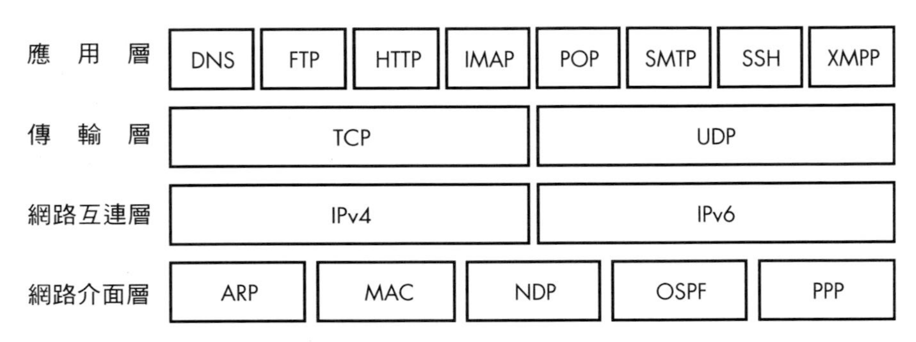

圖 2-1：組成網際網路協定套組的各個功能分層

關於 HTTP

Web 伺服器使用 HTTP 將網頁及其他資源傳送給瀏覽代理（如瀏覽器），在 HTTP 通訊過程中，瀏覽代理會向伺服器請求（request）特定資源，若該項請求符合 Web 伺服器的期待，就會將回應（response）內容回傳給瀏覽代理，若與預期不符，伺服器就回傳錯誤代碼。儘管可能使用壓縮和加密形式傳送相關資訊，但 HTTP 的請求和回應本質上是純文字訊息，本書所介紹的漏洞攻擊都算是某種形態的 HTTP 流量，因此，需要進一步瞭解組成 HTTP 通訊的請求和回應是如何運作的。

HTTP 請求

瀏覽代理所發送的 HTTP 請求包含以下元素：

方法（Method）：或稱為動詞（*verb*），用來描述瀏覽代理希望伺服器執行的操作。

統一資源定位地址（URL）：表示將被操作或讀取的資源。

標頭（Header）：提供一些中介資料，例如瀏覽代理期待的內容類型，或者能否接受經壓縮的回應內容。

本文（Body）：此為選用元素，可包含任何需要發給伺服器的其他資料。

清單 2-1 是 HTTP 請求的範例。

```
  GET❶ http://example.com/❷
❸ User-Agent: Mozilla/5.0 (Macintosh; Intel Mac OS X 10_13_6)
  AppleWebKit/537.36 (KHTML, like Gecko) Chrome/67.0.3396.99 Safari/537.36
❹ Accept: text/html,application/xhtml+xml,application/xml; */*
  Accept-Encoding: gzip, deflate
  Accept-Language: en-GB,en-US;q=0.9,en;q=0.8
```

清單 2-1：一組簡單的 HTTP 請求

方法 ❶ 和 URL❷ 會出現在第一列，跟在第一列下面的每一列都代表一組 HTTP 標頭，User-Agent 標頭 ❸ 表明發出此請求的瀏覽代理類型，Accept 標頭 ❹ 則告知網站，此次請求所期待的回應內容類型。

GET 方法（簡稱 GET 請求）是網際網路上最常見的請求類型，它期待 Web 伺服器提供 URL 所指定的資源，伺服器回應給請求的資源有可能是網頁、圖片，甚至是搜尋結果。清單 2-1 的請求範例表示想載入 *example.com* 的首頁，當使用者在瀏覽器的網址列輸入「*example.com*」就會產生類似清單 2-1 請求內容。

如果瀏覽器不單單讀取資源，還要傳送資訊給伺服器，通常會改用 POST 請求。使用者在網頁上填寫表單（form）欄位並提交（submit），瀏覽器就會發送 POST 請求。POST 請求發送給伺服器的內容會包含表單裡的資料，瀏覽器利用 HTTP 的本文區域填寫這些表單資料，然後傳送給伺服器。

在第 8 章會看到為什麼強調使用 POST 傳送資料給伺服器，而不推薦使用 GET 請求，不當使用 GET 請求執行讀取資源以外操作時，容易讓網站受到跨站請求偽造（CSRF）攻擊。

在開發網站系統時，可能還會遇到 PUT、PATCH 和 DELETE 等請求，分別用於上傳、編輯或刪除伺服器上的資源，這些方法常是由嵌入在網頁裡的 JavaScript 所觸發。

表 2-1：較少使用的 HTTP 方法

方法	功能和實作
HEAD	HEAD 請求與 GET 請求可以得到相同的回應標頭資訊，但指示伺服器不要回傳網頁本文（對使用者有用的部分）。如果 Web 伺服器有實作 GET 方法，通常也會自動回應 HEAD 請求。
CONNECT	CONNECT 會啟動雙向通訊。如果須要透過代理伺服器連線，可以在 HTTP 用戶端程式碼中使用此方法。
OPTIONS	OPTIONS 代表使用者詢問伺服器支援哪幾種 HTTP 方法，Web 伺服器通常會回應所實作的 HTTP 方法類型。
TRACE	對於 TRACE 請求，伺服器的回應內容包含原始 HTTP 請求的完整複本，用戶端就可以看到中間節點（若有）對請求內容所做的更動，這聽起來很有用，但一般會建議關閉 Web 伺服器的 TRACE 請求，因為它可能造成安全漏洞。例如，允許在頁面注入惡意 JavaScript 而讀到原本不能存取的 Cookie。

當 Web 伺服器收到 HTTP 請求，它會以 HTTP 回應將資料回覆給使用者。接下來說明回應內容的結構。

HTTP 回應

Web 伺服器回傳的 HTTP 回應封包，一開頭是由協定、三位數的狀態碼及指示請求是否已被滿足的狀態訊息所組成，緊跟著是帶有中介元資料（metadata）的其他標頭，用以指示瀏覽器如何處理回應的內容，最後，多數的回應都會包含一組本文，該本文就是所請求的資源。

清單 2-2 是一組簡單的 HTTP 回應內容。

```
HTTP/1.1❶ 200❷ OK❸
❹ Content-Encoding: gzip
Accept-Ranges: bytes
Cache-Control: max-age=604800
Content-Type: text/html
Content-Length: 606

❺ <!doctype html>
<html>
  <head>
    <title>Example Domain</title>
  ❻ <style type="text/css">
      body {
        background-color: #f0f0f2;
        font-family: "Open Sans", "Helvetica Neue", Helvetica, sans-serif;
      }
      div {
        width: 600px;
        padding: 50px;
        background-color: #fff;
        border-radius: 1em;
      }
    </style>
  </head>
❼ <body>
    <div>
      <h1>Example Domain</h1>
      <p>This domain is established to be used for illustrative examples.</p>
      <p>
        <a href="http://www.iana.org/domains/example">More information...</a>
      </p>
```

```
    </div>
  </body>
</html>
```

清單 2-2：來自世上最無趣的 example.com 網站之 HTTP 回應

回應封包由協定 ❶、狀態碼 ❷ 和狀態訊息 ❸ 開頭，狀態碼格式 2xx 表示該請求已被接受並正確回應；3xx 會將用戶端請求重導到其他 URL；4xx 表示使用者提供的資訊有誤，讓瀏覽器產生明顯無效的請求（最常見就是找不到資源的 HTTP 404）；5xx 則表示伺服器接受請求的格式，但無法正常處理請求的內容。

接下來是 HTTP 標頭 ❹，絕大部分的 HTTP 回應會帶有 `Content-Type` 標頭，用以指示回傳的資料類型；對 `GET` 請求的回應有時包含 `Cache-Control` 標頭，指示用戶端應在本機快取大體積的資源（如圖片或字型檔）。

如果 HTTP 回應是執行成功，則本文會包含用戶端嘗試讀取的資源，超文本標記語言（*HTML*）❺ 通常代表回應的是網頁結構，以這裡的例子，回應內容包括樣式資訊 ❻ 以及頁面自身的內容 ❼，其他回應的本文類型也可能是 JavaScript 程式碼、設定 HTML 樣式的層疊樣式表（CSS）或二進制資料。

有狀態連線

Web 伺服器同一時間通常會處理許多瀏覽代理的請求，但是 HTTP 協定無法區分請求是來自哪個瀏覽代理。網際網路之初，基本上網頁僅供閱覽，區分請求來源並非重要考量因素，但現今網站一般允許使用者登入，當他們與不同頁面互動時，還需要追蹤其活動，為此，必須要能記錄 HTTP 通訊狀態，用戶端和伺服器之間的連線（或稱交談），在執行「交握」（handshake）並持續交換封包的過程必須是有狀態的（*stateful*），這個狀態必須持續到其中一方決定終止連接。

Web 伺服器要知道回應哪位使用者的請求，就需要一種機制來追蹤瀏覽代理後續發出的請求，以便達成有狀態的 HTTP 連線，對於特定瀏覽代理和 Web 伺服器之間的完整通訊稱為 *HTTP 連線階段*（*session*），最常用來追蹤 session 的方式是伺服器在一開始的 HTTP 回應中挾帶 `Set-Cookie` 標頭，它會要求收到回應的瀏覽代理保存一組 *Cookie*，那是與特定 Web 領域有關的一小段純文字資料。之後，瀏覽代理在接下來的 HTTP 請求會將相同內容的 `Cookie` 標頭送回 Web 伺服器，如果正確實作此機制，則回傳的 Cookie 內容就能做為瀏覽代理的識別代號，從而建立無誤的 HTTP session。

Cookie 攜帶的 session 資訊是駭客的攻擊目標之一，如果駭客竊取某位使用者的 Cookie，就可以對此網站佯稱是該使用者。若駭客能夠成功說服網站接受偽造的 Cookie，同樣地，也可以冒充任何使用者。在第 10 章將看到各種竊取和偽造 Cookie 的手法。

傳輸加密

剛發明 Web 時，HTTP 的請求和回應內容都是純文字形式，亦即任何攔截資料封包的人都可以看到它們的內容，這種攔截行為稱作*中間人*（MitM）攻擊。現今 Web 有許多私人通訊和線上交易需求，為了保護使用者免受此類攻擊，伺服器和瀏覽代理會使用加密傳輸機制，這是一種在傳輸過程對訊息進行編碼，以防阻別人偷窺的方法。

為了保護兩造間的通訊，Web 伺服器和瀏覽器藉由*傳輸層安全*（*TLS*）協定傳送請求和回應，TLS 是一種提供隱私和資料完整性的加密方法，若沒有正確的加密金鑰，就算第三方攔截到資料封包也無法解密，同時還能檢測竄改資料封包的企圖，進而確保資料的完整性。

使用 TLS 通訊的 HTTP 連線稱為安全的 *HTTP*（*HTTPS*），HTTPS 要求用戶端和伺服器執行 TLS 交握，由雙方協商一致的加密方式及交換加密金鑰，完成交握後，對第三方而言，後續的請求和回應內容都是不透明的。

加密是一個複雜的主題，卻是保護網站安全的關鍵，第 13 章會介紹如何為網站啟用加密機制。

小結

從本章已學到網際網路運作流程，TCP 讓具有 IP 位址的聯網電腦之間能夠可靠地通訊，DNS 則替 IP 位址提供人類易於理解的別名。HTTP 建立在 TCP 之上，以便將瀏覽代理（如 Web 瀏覽器）的 HTTP 請求發送給 Web 伺服器，然後，Web 伺服器利用 HTTP 回應來回復處理結果。

每個請求都會有一個目標 URL，本章介紹了各種類型的 HTTP 方法，Web 伺服器的回應會伴隨狀態碼，並藉由回送 Cookie 以啟動有狀態連線，最後，使用加密機制（HTTPS 形式）來保護瀏覽代理和 Web 伺服器之間的通訊。

下一章將可看到瀏覽器收到 HTTP 回應時該如何處理網頁呈現，以及如何藉由使用者操作產生更多的 HTTP 請求。

HOW BROWSERS WORK

3 瀏覽器的運作原理

大多數網際網路使用者是利用瀏覽器與網站進行互動，想要建構安全的網站，就需要瞭解瀏覽器如何將描述網頁的超文本標記語言（HTML）轉換成螢幕上可見的互動畫面。本章將說明近代瀏覽器渲染（呈現）網頁的過程，及保護使用者所需採取的安全措施，即瀏覽器安全模型，還會研究駭客嘗試突破這些安全措施的手法。

Web 網頁渲染

Web 瀏覽器裡負責將 HTML 轉換成螢幕上可閱覽形式的組件稱為渲染管線（rendering pipeline），而轉換的動作就叫作渲染。渲染管線負責解讀網頁的 HTML，瞭解文件的結構和內容，並將它們轉換成作業系統可以處理的元素之一系列描繪動作。

早期的網站，此過程相對單純，網頁的 HTML 只有少數的樣式資訊（如顏色、字體和文字大小），主要的渲染行為是載入文字和圖片，再按照它們在 HTML 文件出現的順序而描繪在螢幕上。將 HTML 想像是一種標記語言，它將網頁分成語義（semantic）元素和頁面結構的註解（annotating）資訊，透過這些成份來描述一張網頁，早期的網頁看起來相當粗糙，但是對於傳達文件內容卻非常有效率。

近代的網頁設計則更加精緻誘人，Web 系統開發人員將樣式資訊編寫在獨立的層疊樣式表（*CSS*）檔裡，這些檔案可精確指示瀏覽器如何呈現頁面元素。像 Chrome 這類新穎、高度優化的瀏覽器，是由數百萬列程式碼建構而成，可以精確地解釋 HTML 及渲染網頁，並以快速、一致的方式處理衝突的樣式規則。瞭解渲染管線的各個作業階段就能理解過程的複雜性。

網頁渲染過程概述

先來看看處理過程的摘要說明，稍後再介紹渲染管線各階段的細節。

當瀏覽器收到 HTTP 回應，會將回應本文的 HTML 解析成文件物件模型（*DOM*），這是一種存在記憶體裡的資料結構，代表瀏覽器對網頁結構的理解，DOM 是從 HTML 解析過渡到網頁渲染的中途產物，因為近代的 HTML 應用之標籤（tag）順序不見得是該元素在網頁的位置順序，在完成整個 HTML 解析之前是難以確認網頁的布局。

瀏覽器產生 DOM 之後，且在開始渲染畫面之前，必須將樣式（style）規則套用到每個 DOM 元素，透過樣式規則定義網頁元素的描繪方式：前景色、背景色、字體樣式、大小、位置和對齊方式等等，最後，在瀏覽器確定網頁結構及樣式資訊之後，便開始在螢幕渲染網頁。前述過程，瀏覽器不消一秒鐘就處理完畢，而且，在使用者操作網頁的過程中還會不斷重複這些動作。

瀏覽器在建構 DOM 時，也會載入及執行所遇到的 JavaScript，渲染網頁時，JavaScript 可以改變 DOM 的內容及樣式規則，或對使用者的動作做出反應。

現在就來看看每個步驟的細節。

文件物件模型

當瀏覽器第一次收到含有 HTML 碼的 HTTP 回應時，會將 HTML 文件解析為 DOM，DOM 是一種以*嵌套元素*（稱為 *DOM 節點*）表達 HTML 文件的資料結構，DOM 的某些節點會對應到畫面所呈現的元素，例如輸入框和文字段落，而其他節點（如腳本和樣式元素）則用來控制網頁的行為及布局。

每個 DOM 節點大致對應到原始 HTML 文件的標籤（tag），DOM 節點可以是文字內容，也可以包含其他 DOM 節點，就像 HTML 標籤可

以層層嵌套一樣，由於每個節點能以分支方式攜帶其他節點，所以開發人員將這種結構稱為 *DOM* 樹（*DOM tree*）。

某些 HTML 標籤（如 `<script>`、`<style>`、`<img>`、`<iframe>` 和 `<video>`）可以透過其屬性（attribute）引用外部 URL，將這些節點解析為 DOM 時，瀏覽器會據此匯入外部資源，也就是說，瀏覽器必須發出另一個 HTTP 請求，為了縮短網頁載入時間，瀏覽器會平行執行這些請求。

設計上會要求由 HTML 產生的 DOM 結構盡可能健全，瀏覽器對於錯誤的 HTML 格式有很大的容忍力，能夠自動補足未閉合的標籤、填補遺漏的標籤、視需要忽略損毀的標籤，瀏覽器開發者不會因網站的錯誤而懲罰 Web 使用者。

網頁元素的樣式資訊

瀏覽器完成 DOM 樹後，需要決定每個 DOM 節點該如何與畫面上的元素相對應，如何佈置這些元素的相對關係，以及每個元素應套用哪些樣式資訊。雖然可以在 HTML 文件裡直接定義樣式規則，不過開發人員更喜歡使用獨立的 CSS 檔案來設定樣式，將樣式資訊與 HTML 內容分開，可輕易重新格式化既有內容，又可維持 HTML 程式碼簡潔、易讀，對於不需渲染網頁畫面的瀏覽代理，能更方便解析 HTML 內容。

在使用 CSS 時，開發人員會建立一組或多組樣式表（*stylesheet*）來定義頁面元素的呈現方式，HTML 文件則利用 `<style>` 標籤所指定的 URL 匯入外部樣式表檔，每組樣式表都包含挑選 HTML 元素的選擇子（*selector*），透過每個選擇子為元素分配樣式資訊，如字體大小、顏色和位置。選擇子可以攜帶簡單的樣式，例如將 `<h1>` 標籤的標題文字顏色定義為藍色。對於更複雜的網頁，選擇子也可以代表更繁複的樣式，例如描述使用者將滑鼠游標移到鏈結（link）元素時，變換鏈結文字的顏色。

因為套用樣式資訊時必須遵循嚴謹的規則優先順序，渲染管線實作很多邏輯來解碼最終的樣式，每個選擇子可套用到頁面上的多個元素，每個元素通常也會由多個選擇子指定樣式資訊。網際網路日益增長所帶來的痛點之一，是要如何讓網站內容能在不同瀏覽器上呈現一致的外觀，縱使新一代的瀏覽器對網頁渲染有一致作法，但最終結果仍有所差異，Acid3 測試是判斷網頁內容是否符合 Web 標準的業界基準，如圖 3-1 所示，能夠拿到滿分的瀏覽器並不多，讀者可以到 *http://acid3.acidtests.org/* 進行 Acid3 測試，看看你的瀏覽器能拿幾分！

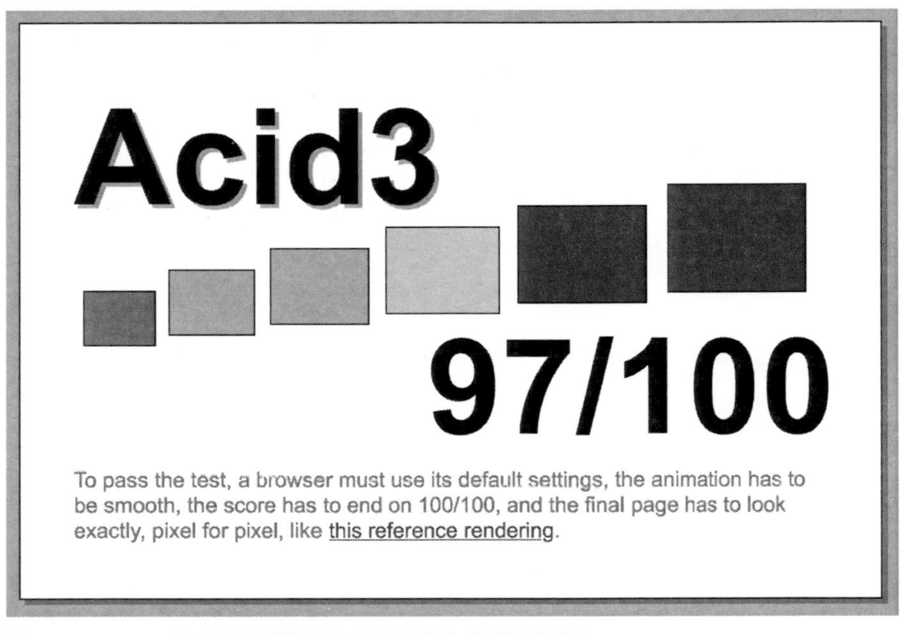

圖 3-1：Acid3 用來確認瀏覽器可否正確渲染彩色矩形

瀏覽器在建構 DOM 樹及套用樣式規則時，也會一併處理網頁裡的 JavaScript，JavaScript 甚至可以在渲染網頁面之前變更 DOM 的結構和布局，來看一下 JavaScript 怎樣搭配渲染管線執行。

JavaScript 的行為

近代的網頁常使用JavaScript處理使用者操作，JavaScript已是一種成熟的程式語言，瀏覽器在渲染網頁時會經由JavaScript引擎執行頁面裡的程式碼，HTML 文件使用 <script> 標籤將 JavaScript 程式碼合併到網頁裡，程式碼能夠以內聯（inline）方式加到 HTML 檔案，或更常見的是透過 URL 從外部載入 JavaScript 檔案。

預設狀態下，只要 <script> 標籤被解析成 DOM 節點，瀏覽器就會執行裡頭的JavaScript 程式碼，透過 URL 從外部匯入的 JavaScript 程式碼，在完成載入後立即執行。

如果渲染管線尚未完成 HTML 文件的解析，JavaScript 可能嘗試與 DOM 裡不存在的網頁元素互動，此時，上述的預設行為模式就會發生問題，為解決這個問題，通常會在 <script> 標籤加入 defer 屬性，讓該JavaScript 在整個 DOM 建構完成之後才執行。

想必讀者意料到了，瀏覽器迫不及待地執行所遇到JavaScript，可能會帶來安全隱憂，駭客的目標通常是從遠端在另一位使用者的電腦上執行程式碼，網際網路讓這個目標變得容易達成，因為沒有連線網際網路的電腦少之又少！為了防範駭客的惡意行為，近代的瀏覽器藉由安全模型大大限制 JavaScript 的行為，亦即，JavaScript 必須在沙箱中執行，不允許這些程式碼執行下列操作：

- 啟動新的執行程序（process）或存取其他現有的執行程序。
- 讀取系統記憶體的任何區塊。作為一種受管理的記憶體內語言，JavaScript 無法讀取沙箱之外的記憶體。
- 存取本機磁碟。近代瀏覽器允許網站在本機儲存少量資料，但這種機制是作業系統的抽象表現，並非 JavaScript 的能力。
- 存取作業系統的網路層。
- 直接呼叫作業系統的函式。

在瀏覽器沙箱中執行的 JavaScript 允許下列動作：

- 讀取和維護當前網頁的 DOM。
- 藉由註冊的事件偵聽器來接聽及處理使用者對當前網頁的操作。
- 代表使用者進行 HTTP 請求。
- 配合當前網頁的使用者之操作，開啟新網頁或重新載入網頁。
- 在瀏覽器歷程紀錄新增一筆項目，及前進到下一筆或後退到前一筆歷程紀錄。
- 探詢使用者的地理位置，例如 Google 地圖的「我的位置」功能。
- 要求同意發送桌面通知。

即使有這些限制，駭客還是可以將惡意 JavaScript 注入網頁，藉由 XSS 依舊能造成許多危害，例如讀取使用者所輸入的信用卡資訊或帳號及密碼，就算注入很少的 JavaScript 程式碼，一樣會構成威脅，因為，藉由注入 `<script>` 標籤，便能載入惡意的大型載荷（payload），第 7 章將介紹如何防範 XSS 攻擊。

渲染前後瀏覽器還做了哪些事

瀏覽器的功能不只是渲染管線和JavaScript引擎，除了渲染HTML和執行JavaScript外，還具備許多其他功能，會利用作業系統解析和快取DNS位址、解譯和核對安全憑證、根據需要發送加密的HTTPS請求，以及依照Web伺服器的指示保存和傳輸Cookie。以使用者登入Amazon網站為例，說明瀏覽器的處理過程：

1. 使用者利用自己喜歡的瀏覽器拜訪 *www.amazon.com*。

2. 瀏覽器嘗試將網域（*amazon.com*）解析成IP位址，首先是查詢作業系統的DNS快取，如果沒有找到，就向網際網路服務供應商（IPS）的DNS快取查詢，萬一此ISP的客戶之前都沒有存取過Amazon網站，ISP可能會向權威DNS伺服器要求解析該網域。

3. 現在已解析得到IP位址，瀏覽器試著向該IP位址對應的伺服器發動TCP交握（handshake），以便建立安全連線。

4. 建立TCP session後，瀏覽器打造HTTP GET請求並發送給 *www.amazon.com*。TCP協定將HTTP請求分成幾組封包，到達伺服器後再進行重組。

5. 進行至此，HTTP連線需升級成HTTPS以確保通訊安全。瀏覽器和伺服器進行TLS交握，約定使用的加密套件，並彼此交換加密金鑰。

6. 接著，伺服器會使用安全通道回應Amazon前端頁面的HTML碼。瀏覽器解析回應內容並渲染網頁，在處理網頁的HTML時，通常還會觸發其他的HTTP GET請求。

7. 使用者找到登入頁面，在頁面欄位輸入*身分憑據*（帳號及密碼），然後提交登入表單，此時，會向伺服器提出POST請求。

8. 伺服器驗證提交的身分憑據，並在回應內容中設定 `Set-Cookie` 標頭，據此建立 session（連線階段）。瀏覽器將 Cookie 儲存一段指定的時限，在後續發送的請求都會一併傳送此 Cookie。

完成上面的操作後，使用者可以存取他在 Amazon 的帳戶資料。

小結

本章描述瀏覽器如何將 HTML 碼轉換成使用者可在螢幕互動及閱覽的網頁，瀏覽器的渲染管線將 HTML 文件解析成 DOM、套用 CSS 檔的樣式資訊，然後將 DOM 節點的內容描繪在螢幕。

還介紹瀏覽器的安全模型，瀏覽器在嚴格的安全規則下執行 `<script>` 標籤裡的 JavaScript，並藉由一個簡單的 HTTP 連線，說明瀏覽器除渲染網頁外，還處理其他交易，從 TCP 封包重建 HTTP、檢核安全憑證、透過 HTTPS 確保通訊安全，以及儲存和傳送 Cookie。

下一章將查看 HTTP 連線的 Web 伺服器端。

HOW WEB SERVERS WORK

4

伺服器的運作原理

靜態資源和動態資源

靜態資源

動態資源

小結

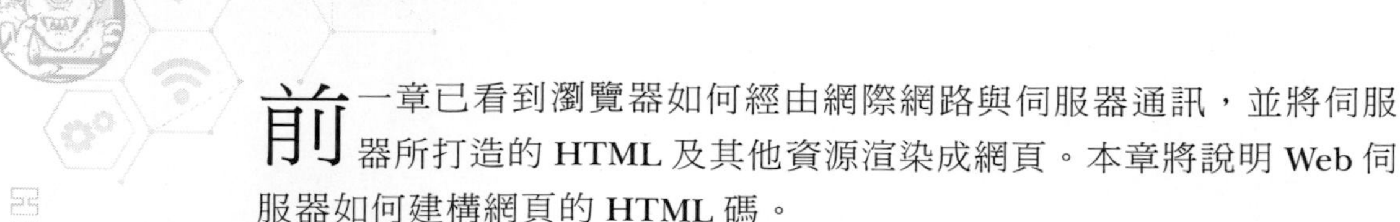

前一章已看到瀏覽器如何經由網際網路與伺服器通訊，並將伺服器所打造的 HTML 及其他資源渲染成網頁。本章將說明 Web 伺服器如何建構網頁的 HTML 碼。

HOW WEB SERVERS WORK

簡單地說，*Web 伺服器是一種可以依照 HTTP 請求來回應 HTML 頁面的電腦程式*，近代 Web 伺服器的功能遠比這裡所提的來得多，當瀏覽器發出 HTTP 請求時，Web 伺服器可以利用程式動態產生網頁所需的 HTML 碼，還可以將資料庫的內容合併到網頁裡，Web 開發人員花費大部分時間來編寫和測試這些後端執行的程式碼。

本章會介紹開發人員如何在 Web 伺服器組織程式碼和資源，並點出伺服器上可能引發安全漏洞的常見弱點，以及討論如何避開這些陷阱。

靜態資源和動態資源

Web 伺服器在回應 HTTP 請求時，會提供靜態資源和動態資源兩種類型的內容，靜態資源是指 Web 伺服器執行 HTTP 回應時不會變更檔案內容的資訊，例如 HTML 檔、圖片檔或其他類型檔案；動態資源是 Web 伺服器回應 HTTP 請求時會先執行程式碼、腳本或模板，現今的 Web 伺服器能夠同時處理靜態和動態資源。至於伺服器要執行或回傳哪一類資源，取決於 HTTP 請求裡的 URL，Web 伺服器會根據組態檔裡的 URL 比對模式（pattern）所對應的資源來解析 URL 請求。

現在就來看看 Web 伺服器如何處理靜態和動態資源。

靜態資源

網際網路發展初期，網站主要由靜態資源組成，開發人員手工打造 HTML 檔案，網站由部署在 Web 伺服器裡的個別 HTML 檔組成，網站「部署」會要求開發人員將所有 HTML 檔複製到 Web 伺服器上，並重新啟動伺服器程式。使用者想拜訪網站就在瀏覽器輸入該網站的 URL，瀏覽器向託管網站的 Web 伺服器發出 HTTP 請求，伺服器將傳入的 URL 轉譯成對應到磁碟檔案的請求，最後，Web 伺服器以 HTTP 回應 HTML 檔案。

例如 1996 年《怪物奇兵》電影的網站就是完全由靜態資源組成，現在仍能透過 *spacejam.com* 瀏覽此網站，在該網站上隨意點擊，會將我們帶回早期 Web 開發的時光，那是一個單純、不太講究美學的時代，讀者若真的拜訪該網站，應該會注意到每個 URL（例如 *https://www.spacejam.com/cmp/sitemap.html*）都是以 *.html* 作為副檔名，表示每張網頁都對應到伺服器上的 HTML 檔。

Tim Berners-Lee 最初對 Web 的構想很像 *Space Jam* 網站，一個由 web 伺服器託管靜態檔案所組成的網路，而這些檔案則包含世界各地的資訊。

URL 解析

近代 Web 伺服器處理靜態資源的方式與昔日 Web 伺服器相同，要在瀏覽器存取資源，就在 URL 指定資源名稱，Web 伺服器根據它收到的請求，從磁碟回傳資源檔案，如果要顯示圖 4-1 的圖片，URL 就包含資源路徑及名稱「*/images/hedgehog_in_spaghetti.png*」，Web 伺服器便會從磁碟回傳適當的檔案。

圖 4-1：一個靜態資源的例子

Web 伺服器還有其他解析 URL 的花招，可以將任何 URL 映射到特定的靜態資源，我們預期 *hedgehog_in_spaghetti.png* 資源是位於伺服器的「*/images*」目錄裡之檔案，實際上，開發人員可以利用任何命名來取得此檔案，藉由切斷 URL 與檔案路徑的臍帶，Web 伺服器為開發人員提供更彈性的建構空間。例如讓不同的使用者擁有個人的資料圖片，卻使用相同的 URL 路徑。

在回傳靜態資源時，Web 伺服器通常會在 HTTP 回應中加入其他資料，或在回傳之前進行其他處理，例如，使用 `gzip` 演算法動態壓縮大型資源檔案，以減少回傳時所使用的網路頻寬；或者在 HTTP 回應標頭加入快取指示，告訴瀏覽器快取靜態資源，如果使用者在有效期內再次存取此資源，就直接使用本機快取的複本，可以提升網站回應給使用者的速度，減少伺服器處理資源的負荷。

由於靜態資源是以單純的檔案或其他形式存在，本身沒有太多安全漏洞可供利用，但是將 URL 對應到檔案的過程卻可能會引入漏洞，如果使用者打算將某些類型的檔案設為私有檔案（例如他們上傳的圖片），就必須在 Web 伺服器定義存取控制規則。在第 11 章將探討駭客試圖繞過存取控制規則的各種手段。

內容遞送網路

內容遞送網路（*CDN*）是提高靜態檔案傳輸速度的創新機制，它會在各地的資料中心都保存靜態資源的複本，當瀏覽器索取這些資源時，就從最近位置的伺服器提供給瀏覽器，以便提升回應速度。諸如 Cloudflare、Akamai 或 Amazon CloudFront 的 CDN 服務，藉由第三方分攤傳送大型資源檔（如圖片）的負擔，如此一來，小型公司不需購買高價的伺服器便能建立快速回應的網站。要將 CDN 整合到網站並不難，CDN 服務大多根據部署的資源數量按月計收費用。

使用 CDN 會增加安全防護的複雜性，與 CDN 整合，就必須允許第三方根據你的安全憑證來保護傳輸內容，因此，需要設定 CDN 整合的安全性。第 14 章會提到如何安全地與第三方的 CDN 等服務整合。

內容管理系統

多數網站主要還是由靜態內容組成，只是資源內容不再由人工逐一編寫，透過安裝內容管理系統（*CMS*）所提供的工具，幾乎不需要網頁技術即可製作內容。CMS 通常會為網頁提供統一樣式，並允許管理員直接利用瀏覽器更新網站內容。

CMS 的插件能夠提供訪客行為分析、約會管理或客戶支援等功能，甚至建立網路商店，利用插件擴充功能的手段，是網站應用第三方的特殊服務來建構特色功能的一大趨勢。例如，使用 Google Analytics 來追蹤客戶、利用 Facebook Login 提供身分驗證、使用 Zendesk 建立客服功能。網站開發人員只需透過幾列程式和適當的 API 金鑰，就能加入這些功能，使得建立豐富功能的網站變得更加容易。

利用其他人的程式碼來構建網站，無論是整合 CMS 或其他外掛服務，因為提供元件的廠商有資安人員把關，會致力保護其服務，理論上可讓你的網站更安全，相對的，當這些服務和插件廣受歡迎時，它們也易成為駭客的攻擊目標。例如，常見的 WordPress CMS，網站管

理員對於自行安裝的 WordPress 功能很少進行漏洞修補，如圖 4-2 所示，簡單利用 Google 搜尋就能輕易發現 WordPress 漏洞。

使用第三方程式碼時，需要隨時留意安全公告，並適時進行安全補強，第 14 章會討論第三方程式碼和服務有關的一些風險。

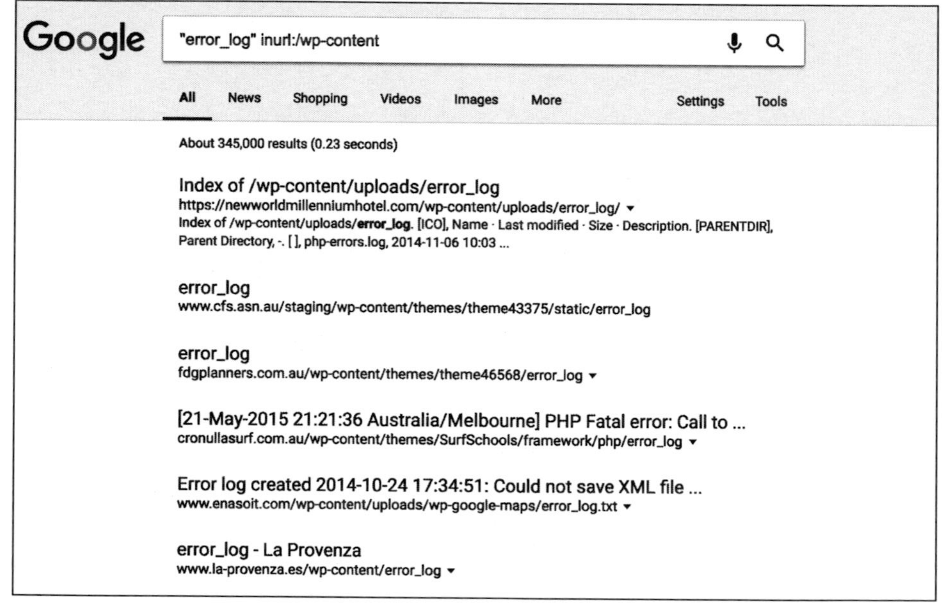

圖 4-2：快來找出不安全的 WordPress 功能

動態資源

儘管靜態資源比較容易使用，但手工編寫一支 HTML 檔案也很費時，想像網路商店每有新商品時，都必須為它編寫一張新網頁，這是很沒有效率的工作，只是在浪費開發人員的時間（雖然能保障開發人員有事可以做）。

現在多數網站都使用動態資源，透過動態資源的程式碼，從資料庫載入資料來填充 HTTP 回應的內容，動態資源可以輸出 HTML，也可以根據瀏覽器的期望回傳其他類型內容。

動態資源讓網路商店只實作單一商品網頁，就能呈現各種不同類型的產品資訊。每次使用者想查看網站的特定產品時，網頁從 URL 取得產品代號，據此從資料庫載入產品價格、圖片和說明，再將這些資料插入 HTML 中。日後推出新商品時，只需在資料庫加入產品資訊即可。

動態資源還有許多其他用途，當你拜訪網路銀行，它可以查找你的帳戶資訊，然後以 HTML 回應。像 Google 的搜尋引擎會從龐大的資料索引中讀取符合條件的項目，並由動態頁面回傳結果。包括社交媒體和 Web 郵件等眾多網站，每位使用者都會看到不同的內容，因為它們是在使用者登入後才動態產生 HTML。

就像動態資源所擁有的能力，也因此產生新式的安全漏洞，將內容動態插入 HTML 便是一項攻擊向量。第 7 章將說明如何保護自己免受惡意注入的 JavaScript 所侵害，第 8 章則會告訴你，來自其他網站的 HTTP 請求如何造成危害。

網頁模板

第一個動態資源是由 Perl 寫成的簡單腳本檔，當使用者存取特定的 URL 時，Web 伺服器就會執行該腳本。這些腳本會輸出構成特定網頁的 HTML 碼。

動態資源的程式碼通常不易閱讀，網頁若由靜態資源組成，透過查閱靜態 HTML 檔就能瞭解其組織方式，但要瞭解數千行 Perl 程式碼如何產生相同的 HTML 就有些棘手，基本上，就是利用一種語言（Perl）來編寫另一種語言（HTML）的內容，然後交由瀏覽器渲染在螢幕上，想要修改 Perl 程式，又要在腦海中描繪最後的渲染結果，其實是件艱難的任務。

為了解決這種問題，開發人員經常使用模板（template）檔來建構動態網頁，模板主要由 HTML 組成，但其中穿插一些指示 Web 伺服器行為的程式邏輯，這些邏輯通常很簡單，主要功能有三種：從資料庫或 HTTP 請求讀取資料並將它安插到 HTML 裡、有條件地顯示 HTML 模板的某些部分、或以迴圈方式將資料結構（如清單）重複安插於 HTML 區塊內，現今的 Web 框架都使用模板檔（但語法各有不同），因為，在 HTML 插入程式片段比較整潔且可閱讀。

資料庫

Web 伺服器通常會利用動態資源裡的程式從資料庫載入資料，當使用者拜訪網路商店，Web 伺服器搜尋資料庫裡的產品代號，並利用資料庫裡的產品資訊來建構網頁。使用者登入社交網站，Web 伺服器會從後端資料庫載入社交時間軸和訊息通知，以便編寫網頁的 HTML 碼。多數網站利用資料庫來儲存使用者資訊，實際上，Web 伺服器和資料庫之間的介面，經常是駭客攻擊目標。

資料庫技術比 web 更早發明，隨著電腦在 1960 年代變得普及，各家公司開始看到數位化和集中保存的價值，這種技術可以簡化紀錄搜尋和維護，隨著 web 的誕生，對於希望跨足網路商店的公司而言，將資料庫裡的商品掛在 web 前端是很自然的演化。

資料庫也是身分驗證的重要元件，網站想要追蹤使用者回流情形，就需保存使用者的註冊紀錄，當使用者再次拜訪網站時，根據所保存的憑據來核對或驗證登入資訊。

現在就來看看常用的 SQL 和 NoSQL 兩種資料庫類型。

SQL 資料庫

當今最常用的資料庫是具備結構化查詢語言（*SQL*）的關聯式資料庫，SQL 是一種維護和讀取資料的宣告式程式語言。

NOTE SQL 可以念成「S-Q-L」或者 /`sikwəl/，如果想激怒資料庫管理員，可以試著念成 /skwil/ 看看！

SQL 資料庫是關聯式，它們將資料儲存在一個或多個資料表，以正規化方式建立彼此的關聯，讀者可以將資料表看作 Microsoft Excel 的試算表，每一列代表一筆資料項（紀錄），每一行代表每一筆資料項的資料點（欄位），SQL 資料庫的欄位具有事先定義的資料型別，常見的是字串（常為固定長度）、數字或日期。

關聯式資料庫的資料表是透過鍵值欄位相互關聯，資料表的紀錄通常有一組唯一的主鍵（*primary key*），並可以透過外鍵（*foreign key*）參考到其他資料表的紀錄，例如，以客戶的訂單來建立資料庫的紀錄，訂單資料表以「`user_id`」欄位作為外鍵，用來代表下訂單的客戶。訂單資料表不會直接儲存客戶資料，而是透過「`user_id`」欄所保存的外鍵值參照客戶資料表特定紀錄的主鍵「`id`」欄。這種關聯約束，可確保在未建立客戶資料的情況下，無法將訂單儲存到資料庫裡，也能確保每位客戶只有一組真實的資料源。

關聯式資料庫具備資料完整性約束，可以避免產生不良的資料，維持資料庫查詢的一致性。就像外鍵一樣，也可以在 SQL 中定義其他類型的資料完整性約束，例如，可以要求客戶資料表的「email_address」欄位僅能存在唯一值，強制資料庫裡的每位客戶之電子郵件位址都不一樣；也可以要求該欄位不能是空值（null），資料庫必須為每個客戶指定一組電子郵件位址。

SQL 資料庫還能展現交易性和一致性，資料庫交易（*transaction*）是指一次執行多條 SQL 語句（批次執行）。交易性（*transactional*）即所有執行的 SQL 語句「要嘛全部成功，要嘛全部無效」，也就是說，批次處理的任何一條 SQL 語句執行失敗，則該交易即告失敗，資料庫狀態維持不變，使得 SQL 資料庫可以維持一致性（*consistent*）。成功的交易都會將資料庫從一種有效狀態轉換成另一種有效狀態；任何嘗試在 SQL 資料庫插入無效資料的動作都會導至交易失敗，使得資料庫狀態保持不變。

由於 SQL 資料庫常保有機敏資料，因此，駭客會想辦法攻擊資料庫，以便在黑市販售裡頭的機敏內容，第 6 章將研究駭客如何利用開發人員撰寫的不安全 SQL 語句。

NoSQL 資料庫

SQL 資料庫常是 Web 應用程式的性能瓶頸所在，若網站的多數 HTTP 請求都會調用資料庫，則資料庫伺服器將承受巨大負荷，影響網站對使用者的回應效率。

上述的效能問題使得 NoSQL 資料庫逐漸受到重視，為了達成更高的延展性，NoSQL 資料庫犧牲傳統 SQL 資料庫對資料完整性的嚴格要求。NoSQL 資料庫有很多種儲存和讀寫資料的方法，但有逐漸趨於統一的態勢。

NoSQL 資料庫通常無綱要（*schemaless*），可以在新一筆紀錄加入新欄位，卻不需要升級任何資料結構，為了達到這種靈活性，資料常以鍵值對（*key-value*）或 *JavaScript* 物件表示式（*JSON*）儲存。

NoSQL 資料庫技術傾向優先大規模建立資料複本（replication）而非維持資料的絕對一致。SQL 資料庫保證不同用戶端程式的同時查詢，會得到一致的結果；NoSQL 資料庫則放寬此約束，只保證最後的結果是一致。

NoSQL 資料庫讓儲存非結構化或半結構化的資料更容易，而讀取和查詢資料則會複雜一些，有一些資料庫是提供程式介面，有些則自己開發適合其資料結構的類似 SQL 語法之查詢語言。儘管駭客必須正確猜出資料庫類型，才能成功發起攻擊，但 NoSQL 資料庫與 SQL 資料庫一樣容易受到注入攻擊。

分散式快取

動態資源也可以從記憶體分散式快取中載入資料，這是大型網站常用來應付大規模請求的高延展性手法，快取（*Caching*）是指以易於檢索的形式在資料庫之外保存資料複本，用以提高讀取速度的過程，像 Redis 或 Memcached 這類分散式快取技術，讓資料快取變得簡單，還允許軟體以與語言無關（language-agnostic）的方式，在不同伺服器和程式之間共享資料結構，Web 伺服器之間可以共享分散快取，對於頻繁被讀取的資料，這是理想的儲存方式，可避免不斷檢索資料庫。

微服務（*microservice*）是一種簡單的模組化服務，可按需要執行一種操作。大型的 Web 公司通常利用微服務來架構它們的技術堆疊，並以分散式快取在它們之間分享資料，各個服務之間常藉由儲存在分散式快取裡的佇列（*queue*）進行通訊，佇列可以讓任務處於等待狀態，各個工作程序便能逐一完成任務，服務還可以透過發布與訂閱（*publish-subscribe*）通道，讓工作程序以事件方式註冊有興趣的任務，當事件發生時就會對全體發送任務通知。

分散式快取與資料庫一樣容易受到駭客攻擊，幸好，Redis 和 Memcached 是在大家都有這類威脅意識的時代誕生，因此，開發人員用來連接這些快取的軟體開發套件（*SDK*）都已提供相應對策。

開發 Web 系統的程式語言

Web 伺服器會在評估動態資源的過程中執行程式碼，有許多程式語言可編寫伺服器端的程式碼，各種語言都有不同的安全注意事項。

來看看一些常用的語言，後面章節的程式碼範例會用到這些語言。

Ruby (on Rails)

Ruby 和電影《七龍珠 Z》及 Tom Selleck 所主演《棒球先生》一樣，都是 90 年代中期來自日本的發明，但與《七龍珠 Z》或《棒球先生》不同，在 Ruby on Rails 平台發布之前，Ruby 有十幾年沒有受到關注。

Ruby on Rails 結合許多建構大型 Web 應用程式的優秀作法，讓 Ruby 的實作及配置更為簡易，Rails 社群也非常重視安全，是最先整合防範 CSRF 攻擊的功能之 Web 伺服器之一，儘管如此，Rail 的普及也讓它成為駭客的共同目標，近年來已經被發現（並快速修補）幾個重要的安全漏洞。

最近幾年，被稱為微框架（*microframework*）（如 *Sinatra*）的簡化型 Ruby Web 伺服器已成為 Rails 的流行代名詞，藉由微框架可以組合單一功能的個別程式庫，盡量縮減 Web 伺服器的體積，這種作法與 Rails 的「一應俱全」部署方式形成對比，使用微框架的開發人員一般可透過 RubyGems 套件管理員找到所需的功能。

Python

Python 發明於 1980 年代後期，擁有簡潔的語法、靈活開發形式及大量模組，使它廣受歡迎。剛接觸 Python 的人，對於用內縮表示程式區塊的作法感到驚訝，其他程式語言很少有這種用法。空白對 Python 有著極重要的地位，以至人們常爭論到底該用空格（space）還是定位（tab）來內縮程式區塊。

Python 有很多種應用領域，是資料科學和科學計算專案的首選語言，對於 Web 開發人員有多套積極維護的 Web 伺服器（如 Django 和 Flask）可供選擇，Web 伺服器的多樣性，對安全也有幫助，讓駭客不太容易確認使用的平台版本。

JavaScript 和 Node.js

JavaScript 最初只是用於瀏覽器的小型腳本語言，但隨著 Node.js 執行環境，讓 JavaScript 也能編寫 Web 伺服器程式而迅速受到青睞。*Node.js* 在 V8 JavaScript 引擎執行，與 Google Chrome 瀏覽器解譯 JavaScript 的引擎具有相同組件。雖然 JavaScript 存在許多奇特用法，但是，能讓用戶端和伺服器端使用相同語言開發系統的誘因，讓 Node.js 成為增長最快的 Web 平台。

每天誕生數百個功能模組，快速增長成為 Node 的最大安全風險，在 Node 應用程式中引用第三方程式碼時，需要格外小心。

PHP

PHP 是由 C 語言開發，原本是供 Linux 建構動態網站使用，逐漸發展成熟，從它雜亂無章的特性可看出此語言並非有計畫性發展，例如許多內建函式的實作規則並不一致，像變數名稱區分大小寫，但函式名稱則不區分。儘管有這些特異現象，PHP 還是很受歡迎，曾經一度占據 10% 的網站比例。

如果現在編寫 PHP，大概都是維護舊系統，較舊的 PHP 框架存在許多可以想到的安全漏洞，每種類型的漏洞，無論是命令執行、目錄遍歷或是緩衝區溢位，都讓 PHP 程式設計師難以入眠，應該要將舊版的 PHP 系統更新成最新的程式庫。

Java

Java 和 *Java* 虛擬機（*JVM*）廣獲各界喜愛和實作，讓 Java 所編譯的 bytecode 在不同作業系統上執行，當考量各種效率因素時，Java 常是最能擔當此重任的主力語言。

開發人員已經將 Java 應用在各方面，無論是機器人技術、移動式程式、大數據應用，或者嵌入式設備，雖然在開發 Web 程式的吸引力已大不如前，但既存數百萬行 Java 程式碼仍繼續推動著網際網路。從安全性的角度來看，Java 被過去的流行所困擾，大量的傳統應用程式仍然依靠舊版的語言和框架在運行，Java 開發人員需要及時更新到安全版本，以免被駭客輕易攻破。

如果讀者勇於嘗試新事物，會發現可在 JVM 上運行，並且和 Java 龐大的第三方程式生態相容的其他流行語言，Clojure 是一種流行的 Lisp 方言、Scala 是具有靜態類型的函式語言、Kotlin 是新生的物件導向語言，目的是與 Java 向後相容，讓腳本編寫更容易。

C#

C# 是微軟為 .NET 計畫所設計的語言，C#（和其他 .NET 語言，如 VB.NET）使用通用語言執行平臺（*CLR*）的虛擬機，與 Java 相比，C# 與作業系統的抽象程度較低，可以輕易地將 C++ 與 C# 整合在一起。

在最近的演化週期，微軟已將 .NET 轉為開源，C# 的相關實作也是開源，Mono 專案可讓 .NET 應用程式在 Linux 和其他作業系統上運行，但多數使用 C# 的公司都部署在 Windows 伺服器及使用典型微軟功能堆疊。Windows 在安全性方面曾歷經令人不安的年代（如大量的病毒），因此，以 .NET 為平台的人都必須考量其風險。

用戶端的 JavaScript

Web 開發人員可以選擇伺服器端的程式語言，但在瀏覽器端執行的程式就只有 JavaScript 一種選擇，如之前所提到的，JavaScript 會成為受歡迎的伺服器端語言，主要是 Web 開發人員藉由撰寫前端功能已經和它混熟了。

瀏覽器的 JavaScript 功能已遠遠超出早期用來檢查表單邏輯和動畫的目的，與使用者互動時，像 Facebook 之類的多功能網站會使用 JavaScript 重繪網頁的部分內容，例如使用者單擊圖示後呈現選單、或者點擊相片後開啟對話方塊，也會在背景事件發生時更新使用者界面，例如某人發表評論或撰寫貼文後，會在畫面出現提醒標記。

為了達到動態更新使用者界面，又不刷新整個網頁及中斷使用者體驗，就需要靠用戶端 JavaScript 來管理記憶體中的各種狀態，現今已有許多框架能有效管理記憶體狀態及渲染頁面，透過模組化，網站上的各個網頁還可以共用 JavaScript 程式碼，當需要管理數百萬行 JavaScript 時，模組化設計就成了關鍵考量因素。

Angular 就是其中一種 JavaScript 框架，最初由 Google 以開放源碼授權方式發行。Angular 借用伺服器端開發模式及用戶端模板（template）來渲染網頁，瀏覽器在載入網頁後會執行 Angular 的模板引擎，解析伺服器提供的 HTML 模板，並處理所有出現的指令，模板引擎是在瀏覽器執行 JavaScript，可以直接將節點寫入 DOM，縮短瀏覽器渲染管線，當記憶體狀態改變時，Angular 會自動調整 DOM，這種作法可以讓程式碼更簡潔，Web 應用程式更容易維護。

Facebook 開發團隊發布的開源 *React* 框架之作法與 Angular 略有不同，React 鼓勵開發人員將類似 HTML 的標籤直接寫在 JavaScript 中，而不是將程式碼散布在 HTML 模板裡，React 開發人員通常會建立 *JSX*（*JavaScript XML*）檔，這些檔案會被預處理器編譯成 JavaScript 再發送給瀏覽器。

第一次撰寫像「return <h1> Hello, {format(user)} </h1>」這樣的 JavaScript 程式碼，對於習慣將 JavaScript 和 HTML 分開編寫的開發人員來說，似乎有些奇怪，要不是 React 提供許多好用的輔助功能（如語法突顯和程式碼自動完成），要讓 HTML 成為 JavaScript 語法的重要元素，可能很難獲得開發人員支持。

像 Angular 和 React 這類功能豐富的用戶端 JavaScript 框架，非常適合用來建構複雜的網站。但直接操縱 DOM 的 JavaScript 程式碼，可能帶來以 DOM 為基礎的 XSS 安全漏洞，這部分將在第 7 章介紹。

注意，雖然 JavaScript 可能是瀏覽器會執行的唯一語言，但並不表示只能用 JavaScript 編寫用戶端程式，許多開發人員使用如 CoffeeScript 或 TypeScript 之類語言，這些語言會先轉成 JavaScript 再發送給瀏覽器，由於須轉換成 JavaScript，也面臨相同的安全漏洞問題，因此本書只會針對一般 JavaScript 討論。

小結

Web 伺服器在回應 HTTP 請求時，會提供靜態資源（如圖片）和動態資源（可執行自定義程式碼）兩種類型的內容。

靜態資源可以直接從網站的檔案系統供應，或者為了提升網站的回應效能，可以由 CDN 供應，網站擁有者一般會利用 CMS 製作全靜態資源的網站，CMS 可以讓不具技術的管理員直接從瀏覽器編輯靜態資源。

另一方面，動態資源常以模板形式定義資源，需伺服器解譯的程式指令散布在 HTML 碼之間，一般用來讀取資料庫或快取資料，以便組成欲呈現的網頁。常用的資料庫形式是 SQL 資料庫，它以表格形式儲存資料，在資料結構上有嚴謹的規則定義，大型網站可能使用較新穎的 NoSQL 資料庫，它擺脫傳統 SQL 資料庫的某些限制，以便獲得更高的延展性。

有很多程式語言可用來編寫動態資源，如 Ruby、Phthon、PHP、Java、C# 及 JavaScript 等等。

下一章將介紹撰寫程式的過程，要撰寫安全、無瑕的程式碼，關鍵在於有條不紊的標準開發流程，筆者將介紹如何撰寫、測試、建構和部署程式。

HOW PROGRAMMERS WORK

5

WEB 系統的開發程序

建置和維護網站是一種反覆執行的活動，鮮少有 Web 開發人員能一次就將完整的網站功能開發到位（除了筆者的朋友 Dave；*Dave*，別再讓我們難堪了！）在 Web 系統發展過程，功能不斷開發出來，源碼庫（codebase）也越來越複雜，過程中會不斷要求開發人員加入新功能、修復錯誤和重新架構程式碼，自然而然就會出現重新設計的要求。

Web 開發人員需要守秩序、有紀律地維護源碼庫的內容。為了應付交貨截止日而抄捷徑，隨著日子逼近，系統錯誤及漏洞也隨之增加，多數安全漏洞是因為開發人員忽略細節所造成的，並非因缺乏相關知識而引起。

本章主要說明如何遵照軟體發展生命週期（*SDLC*）方法論來撰寫安全的程式碼，SDLC 是開發團隊在設計新功能、編寫、測試程式及變更功能時所依循的程序，如果 SDLC 沒有固定的準則，會讓系統的程式碼及漏洞難以管理，無可避免在程式中留下錯蟲（bug），造成不安全的網站。結構嚴謹的 SDLC，在早期階段就可消弭程式錯誤和漏洞，確保最終建立的網站有能力抵禦攻擊。

本章將介紹良好 SDLC 的五個階段：設計和分析、程式碼開發、發行前測試、發行程序及發行後的測試與監控，還會扼要提示確保網站依賴的第三方元件之安全性。

階段 1 ：設計和分析

SDLC 並非從撰寫程式碼開始，首先是考慮要撰寫什麼功能的程式碼。第一階段稱為設計和分析階段，即分析功能需求及實作方式，新專案開始時，可能會草擬簡要的系統設計目標，但對於運行中的網站，功能變更需要更多的審議程序，相信讀者不會想破壞目前使用者所擁有的功能。

此階段最重要的目標是確定程式想要達成的需求，等到開發團隊完成程式撰寫後，每個人都應該能夠判斷新改的程式有無正確滿足這些需求。如果是替客戶撰寫程式，此階段就是和相關人員開會，讓他們同意所列的目標清單；至於開發自家公司或機構的系統，主要是發展並記錄各方人馬對未來需求之共同願景。

問題追蹤軟體（或稱錯誤追蹤軟體）對設計和分析有很大幫助，診斷和修復現有網站的錯誤，更是如此。問題追蹤軟體將個別的需求目標看作問題（*issue*），例如「撰寫客戶結帳頁面」或者「修正首頁的錯誤文字」，然後將這些問題分派給各個開發人員，按照問題的優先等級排序，接著撰寫程式或修復問題，最後將問題標記為已完成。開發人員可以聯合變更特定的程式碼集，一起修正或新增問題追蹤所描述的要求。對於大型團隊，專案經理為了報告需要，可以結合專案管理軟體來安排問題的解決時限。

在撰寫程式之前，花一些時間進行規劃，會有意想不到的效果，撰寫韌體設備或關鍵系統（如核反應爐）軟體的團隊，會將大部分時間耗在設計階段，因為部署之後不太可能有機會再讓他們去修復程式錯誤，但 Web 開發人員早已習慣面對經常變動的需求。

階段 2 ：程式碼開發

完成設計和分析後，就可以進入 SDLC 的第二階段：程式碼開發。有許多工具可以編寫程式，不過，程式很難一次就全數完成，因此，需要使用版本控制系統（或稱源碼控制系統）保管這些程式碼，版本控制系統能夠保存源碼庫的複本、查看修改過的版本、追蹤版本的變更歷程及記錄變更歷程的註解說明。在系統正式發行之前，將修正後的源碼推送（push）到源碼貯庫（*repository*），就可以和其他隊員分享，要與源碼貯庫互動，可以利用命令列工具或其他開發工具的插件。將修改後的程式碼推送到集中式源碼貯庫，能夠讓其他成員協助審查源碼內容，而正式發行意味將修改後的程式部署到使用者真正可以瀏覽的服務網站。

使用版本控制系統還可以查詢服務網站目前運行的程式版本，這是診斷漏洞及調查與解決發行後發現的安全性問題之關鍵，當開發團隊在查找及解決安全問題時，會審視造成漏洞的程式碼，並評估功能修正是否影響網站的其他服務。

所有開發團隊（即使一人團隊）都應該使用版本控制系統，大型公司一般會有自己的版本控制伺服器，而小型公司和開源開發人員通常使用第三方託管服務。

分散式與集中式版本控制

有很多套版本控制系統，各有自己的功能和管理語法，目前最受歡迎的大概是 Git，它最初是由 Linux 的創始人 Linus Torvalds 所開發，用來輔助 Linux 核心功能的開發，Git 屬於分散式版本控制系統，亦即能確保 Git 所保管的每支程式碼的完整，當新人第一次從團隊貯庫拉取（*pull*，相當於下載）程式碼成為本機複本時，不只是取得源碼的最新版本，也會得到源碼庫的完整修改歷程紀錄。

分散式版本控制系統可追蹤開發人員所做的修改，僅在開發人員推送修改後的程式碼，這些變更才會傳輸給其他開發人員，這種源碼控制模式和以前的版本控制系統不一樣，以前版本控制系統是使用集中式伺服器，開發人員是從伺服器下載及上傳整個專案的檔案。

Git 之所以受到歡迎，主要因素可能是 *GitHub* 利用 Git 建立線上源碼貯庫，並免費提供開發人員使用，使用者可透過瀏覽器查看儲存於 GitHub 的程式碼，也可以使用 Markdown 語法撰寫說明文件，GitHub 還具備自己的問題追蹤系統和管理及修正源碼衝突的工具。

分支和合併程式碼

透過版本控制系統，開發人員可以精確掌握網站每次更新時，是修改哪些程式碼，通常會利用分支（*branch*）來管理每回的程式發行，分支是源碼庫的邏輯複本，它會儲存在源碼控制伺服器或開發人員的本機源碼貯庫中，開發人員可以在不影響源碼庫主幹（*master*）的情況下，在本機修改分支內容，完成所需功能或修正錯誤後，再將分支合併回主幹程式。

NOTE 大型開發團隊可能會有更精細的分支方案。由於版本控制系統可讓開發人員無限制地建立分支，建立分支的成木很低廉，大型團隊或許會由多位開發人員共同負責同一分支，以便完成複雜的程式功能。

在程式發行之前，幾個開發人員可能會將不同的分支合併到源碼庫主幹，如果他們對同一支檔案進行不同的編輯，則版本控制系統會自動嘗試合併這些變更，若無法完成自動合併，就會引起合併衝突，團隊成員便需要手動完成合併，對衝突的程式碼逐列套用選定的變更方式。開發者原本以為已經解決程式問題，卻還要處理衝突造成的額外工作，解決合併衝突簡直是開發人員的災難。（感謝 Dave，就因為你決定更改數千支 Python 檔案的格式）

合併時點也是進行源碼審查的絕佳機會，可以由一位或多位團隊成員查看程式碼的變更並提供回饋意見，要找出潛在安全疑慮的好方法是遵循四眼原則（*four eyes principle*），要求兩個人分別審查發行前的程式碼，通常在重新審視程式碼時，其他人員會發現原作者始料未及的問題（獨眼巨人是可怕的程式人員，建議對他的程式碼要更仔細審查）。

以 Git 為基礎建構的版本控制工具，可以藉由拉取請求（*pull request*）方式進行源碼審查，拉取請求是某位開發人員要求將程式碼合併到主幹源碼庫的動作，在合併之前，GitHub 之類的工具會確保由另一位開發人員批准此次變更。

版本控制系統是否批准拉取請求，取決於所有程式碼是否通過持續整合（CI）系統的所有測試，下一節將會提到。

階段 3 ：發行前測試

SDLC 的第三階段是測試，只有完成程式碼全面測試，找出任何潛在錯誤，確保程式可以運行無誤後，才能發行程式碼，良好的測試策略之關鍵，是在使用者遭遇軟體缺陷或駭客可以利用漏洞之前就找出這些失誤，尤其是安全漏洞，任何人在修改程式碼後，必須在合併或發行之前手動測試過所有功能，這是所有團隊成員應該做到的基本努力。

在開發生命週期早期發現軟體缺陷，可以節省大量的修補時間和精力，因此應該使用單元測試（*Unit test*）來輔助人工測試，單元測試是源碼庫裡的小腳本，藉由執行源碼庫的各個功能並檢查輸出結果，用以判定程式碼的行為是否正確，讀者應該將單元測試看作建構過程的一部分，為程式碼裡特別敏感或經常變動的區域撰寫單元測試腳本。

單元測試腳本應該盡量單純，可以單獨對程式裡的每組函式進行測試。能夠測試多個函式的複雜單元測試腳本是很脆弱的，容易在程式碼變更時失效。例如，良好的單元測試可能只判斷通過身分驗證的使用者才可瀏覽網站的某些區域，或者密碼必須滿足複雜度的最低要求，良好的單元測試還可作為文件的一部分，說明正常的程式功能是如何運作的。

覆蓋範圍和持續整合

運行單元測試時，它會呼叫源碼庫裡的函式，執行源碼庫的函式之百分比稱為*覆蓋率*（*coverage*），最好能達到 100% 的測試覆蓋率，但通常不容易達到，因此在撰寫單元測試腳本時，應謹慎選擇要測試源碼庫的哪些部分，此外，100% 覆蓋率範圍並不能保證程式碼無誤，可以執行到每一列程式碼，並不表示已涵蓋所有情境。怎樣才是良好的單元測試，這是一個價值衡量問題，它應該是風險評估的重要策略之一，一項不錯的經驗法則是，當找到函式錯誤時，就撰寫一支判斷正確行為的單元測試，然後修正該錯誤，並通過單元測試，如此一來，此函式下次就不會再發生錯誤。

一旦具有足夠的測試覆蓋率，就該建置一套持續整合伺服器，伺服器連接到版本控制系統的源碼貯庫，當程式變更時，就簽出（*check out*）最新版本的程式碼，運行建構程序時一併執行單元測試，若建構程序失敗（也許是無法通過單元測試）就通知開發團隊成員，透過持續整合可盡早發現軟體缺陷並及時解決。

測試環境

完成欲發行的所有程式碼修改後，應將它們部署到測試環境進行最終測試，測試環境（或稱過渡環境、準正式環境或品保環境）應該和正式網站具備完全相同的功能，並在專屬的應用伺服器運行。在正式發行前，利用測試環境檢測軟體缺陷及漏洞至關重要，大型開發團隊常僱用品保（*QA*）人員在這種環境測試軟體，如果是將不同的程式集整合在一起測試，有時也會稱為整合測試。

良好的測試環境要盡可能與正式環境相同，以確保測試結果是有意義的，除了測試的程式之版本及組態不同外，測試環境和正式環境要使用相同的伺服器和資料庫技術。測試環境不應將電子郵件寄送給真實的使用者，可視需要在測試環境設定不同組態，讀者應該要有這種常識。

測試的過程就像戲劇表演，在正式演出之前，必須經過現場彩排，演員們正式著裝，在試看的觀眾面前表演，以便在最低風險的環境下，找出影響最終表現的關鍵，彩排的每個細節應盡可能與正式上台時一致。

測試環境是安全發行的關鍵步驟，若沒有適當管理，也會帶來安全風險，測試環境和正式環境必須從網路層隔離，也就是說，這兩種環境是不允許彼此通訊的，不能讓駭客有機會從較不安全的測試環境跨越網路來攻擊正式環境。

測試環境會擁有自己的資料庫，它的結構及資料必須要足夠逼真，才能對網站功能進行全面性測試，最常用的手法是直接從正式環境的資料庫複製資料，如果讀者也是這樣做，請格外小心，記得隱匿或清理此複本的機敏內容，包括姓名、付款明細和密碼等等。近年來發生受矚目的資料洩漏事件，常因未適當清理資料，而被駭客從測試環境撈取。

階段 4 ：發行程序

如果不將程式碼發行到正式網站，那它就沒什麼用處，所以，該來談談 SDLC 的第四階段：發行程序。網站的發行程序包含從版本控制系統取得源碼、將源碼複製到 Web 伺服器，有些系統還需要重新啟動 Web 伺服器，具體的作法取決於託管網站的位置及使用的技術，但不論採用哪種方法，發行過程都必須可靠、可重現和可復原的。

可靠的發行程序是指能確保發行期間所部署的源碼、依賴元件、資源和組態檔都正確無誤，若發行程序不可靠，則發行的版本可能和你所預想的不一樣，會帶來嚴重的安全風險，為了確保可靠地在網站部署檔案，發行腳本一般使用校驗和（數位指紋）檢驗複製到伺服器的檔案與版本控制所保存的檔案之一致性。

可重現的發行程序能夠在不同環境或軟體上，執行發行程序而得到的結果是相同的，可重現代表發行期間能夠盡量減少人為作業失誤，若發行程序必須由管理員按正確順序完美執行 24 個步驟，很難要求他們不犯錯。撰寫發行腳本，並盡可能使用自動化發布！讓發行程序可重現，對於良好的測試環境也是很重要。

可復原的發行程序是指可以回退（*roll-back*）之前的版本，發行過程有時會發生意外事件，必須「撤消」最新的發行版本並恢復到前一版本，此過程應盡可能無縫銜接，若只有部分程式碼回退，就等著發生大災難吧！它可能留下不安全的組態，或者保留已知漏洞的依賴元件。無論選擇哪種發行程序，都要能夠以最小精力，可靠地還原到源碼庫的前一版本。

發行時的標準部署選項

託管網站的公司發明了平台即服務（*PaaS*）方案，讓發行程式碼變得容易又可靠，如果「在雲端」是指在他人的伺服器上運行這些程式碼，則使用「即服務」產品，除了將程式碼部署在他人的伺服器上運行，還擁有實用的自動化功能及管理入口。（網站託管公司專門創造一些嚇死人的縮寫代號）

微軟的 Azure、亞馬遜的 Web Services Elastic Beanstalk、谷歌的 App Engine 和 Heroku 都是 PaaS 方案，開發人員只需執行一列命令就能發行程式，這些平台幾乎可滿足發行過程的所有需要，如設定虛擬化伺服器、安裝作業系統和虛擬機、運行建構程序（稍後介紹）、載入依賴元件、將程式碼部署到磁碟並重新啟動 Web 伺服器的執行程序。操作者可透過 Web 控制台或命令列監視和回退發布的版本，這些平台還會執行各項安全檢查，確保程式碼能夠乾淨地部署，使用 PaaS 為基礎的發行程序，可大幅減少網站的停機時間，確保無瑕地完成部署，並且產生完整的稽核軌跡。

相對地，PaaS 方案有一些限制，為了換得便利性和可靠性，它們只支援某些程式語言和作業系統，而且限制伺服器的配置數量，也不支援複雜的網路拓撲，有時可能難以改寫舊有的應用程式來適應這類平台部署。

IaaS 和 DevOps

若因應用程式太複雜、版本太舊或部署成本太高而不使用 PaaS，可以選擇將程式碼部署到個別的伺服器上，這些伺服器可能是自家管理、託管在資料中心、或託管在亞馬遜彈性雲端運算（Amazon EC2）之類的基礎架構即服務（*IaaS*）方案之虛擬機，對於這種情況下，只能自己撰寫發行腳本。

在以前，公司會僱用專門的系統管理員來設計和執行發行程序，然而，*DevOps*（由開發人員操作）工具興起之後，逐漸打散發行與開發的界線，讓開發人員對程式部署有更多控制，DevOps 工具（如 Puppet、Chef 和 Ansible）讓制訂標準部署方案及發行腳本模組化的工作變得容易，開發團隊便有能力設計自己的部署策略，要將版本控制裡的程式碼下載並複製到網站伺服器，利用 DevOps 工具會比自己撰寫發行腳本來得可靠，DevOps 工具讓遵循最佳實踐變得容易，因為內建的「處方箋」或腳本已涵蓋多種部署方案。

容器化

容器化是另一種標準部署的方法，諸如 Docker 之類的容器化技術，可以讓我們建立被稱為映像（*image*）的建置腳本，這些腳本用來描述伺服器所使用的作業系統、磁碟配置和第三方軟體，以及要部署在軟體堆疊上的 Web 應用程式，容器只保留所需的作業系統上之功能（抽象化），透過映像可以達到一致化部署，發行程式所需的要求都在映像裡描述，而容器則成為完全通用的組件。

透過可重現方式將 Docker 映像部署到實體電腦或虛擬化伺服器，從而達成可靠的發行程序，開發人員也可以在本機使用與正式網站完全相同的 Docker 映像進行測試，如此能夠降低正式發行後出現意想不到的問題。

容器化算是相對較新的技術，但有可能讓複雜的程式部署更加可靠和標準化，有許多相關技術（如 Docker Swarm 和 Kubernetes），讓機器可讀的組態檔能夠有效描述複雜又多伺服器的網路配置，使得全環境重建變得更加容易，例如，團隊可以輕鬆啟用多 Web 伺服器和單資料庫的全新測試環境，因為這些個別的服務及它們彼此之間的通訊方式，都已描述在託管服務可以理解的組態檔裡。

建構程序

多數源碼庫會有一組供命令列或開發工具調用的*建構程序*，該程序會為部署程序讀取靜態程式碼，Java 或 C# 等語言在建構過程中會將原始碼編譯成可部署的二進制格式；有些語言在建構時會使用*套件包管理員*下載並驗證第三方程式碼（或稱*依賴元件*〔*dependency*〕）。

網站的建構程序通常會預先處理要部署的用戶端資產，許多開發人員使用 TypeScript 和 CoffeeScript 之類語言，這些語言在建構時會被轉譯成 JavaScript，無論是手工編寫或轉譯成 JavaScript，建構過程常會*壓縮*（*minify*）或混淆 JavaScript 檔案，以便縮小 JavaScript 檔體積及讓人工難以解讀，讓瀏覽器可以更快完成載入，卻不影響原有功能。

如第 3 章所述，網站的樣式資訊大多儲存於 CSS 檔案，要管理大型網站的 CSS 檔案可能不輕鬆，因為，不同地方常出現相同樣式的複本，這些複本又需要同步更新，Web 開發人員也常使用 Sass 和 SCSS 之類的 *CSS 預處理器*，以便簡化樣式表管理，這些檔案在建構時需編譯成 CSS 檔。

每種程式語言都有合適的建構工具，開發團隊應該要能成熟駕馭。每回將源碼簽入（check in）版本控制系統前，應先在本機執行建構程序，以確保正式發行時可以無瑕完成建構，如前所述，利用持續整合伺服器可輔助達成此目標。

資料庫遷移腳本

網站程式要加入新功能，常需要加入新資料表或修改現有資料表，資料庫儲存的資料需要供各發行版本使用，不可貿然為每個發行版本刪除資料庫內容或安裝新資料庫，在發行程式之前需要撰寫*資料庫遷移腳本*。利用遷移腳本更新資料庫結構，應該是發行程序的一部分，如果程式因故回退，則遷移腳本也要執行資料庫復原程序。

有些技術（如 Ruby on Rails）可以在建構過程執行遷移腳本，如果無法在建構時執行遷移腳本，就應將腳本置於版本控制系統裡，在發行期間以暫時提升的資料庫權限來執行它，對於一些擁有大型和複雜資料庫的公司，常僱用專門的資料庫管理員（*DBA*）負責處理資料庫遷移，並竭盡所能守護心愛的資料儲存體。

要是員工能夠在發行程序之外變更資料庫結構，就會產生安全風險，第 11 章將探討各種權限管制手段。

階段 5 ：發行後測試和監控

完成程式部署後，應該執行發行後測試，以確保部署結果正確無誤，程式如預期般在正式服務環境中運行。就理論而言，如果已具有良好的測試環境和可靠的發行程序，則發行後測試（常稱為冒煙測試〔*smoke testing*〕）可以很粗略，儘管如此，對於 SDLC 的每個階段應執行多深的測試，取決於你的直覺及想規避的風險，最傳神的一句話便是「不斷測試，直到恐懼變成無聊」。

滲透測試

資安專家和白帽駭客經常執行滲透測試（penetration testing），從外部探測網站的安全漏洞，滲透測試可以在發行前和發行後執行。開發團隊也可以執行自動化的弱點掃描工具，藉由分析 URL 及嘗試發送惡意的 HTTP 請求，測試網站是否存在常見的安全漏洞，雖然滲透測試所費不貲，且曠日廢時，但總比被駭客入侵所造成的損失來得輕微，筆者強烈建議將滲透測試加到測試程序之中。

日誌記錄、監視和錯誤回報

程式發行後，必須掌握正式環境的運行狀況，才有助於管理員及早發現異常和潛在的惡意行為，並在問題發生時進行診斷，要瞭解發行後的狀況，需要掌握三種活動：日誌記錄、監視和錯誤回報。

日誌記錄是應用程式執行時，將操作內容寫到日誌檔的作法，供管理員檢視 Web 伺服器在何時做了什麼動作，程式應記錄每個 HTTP 請求（帶有時間戳記、URL 和 HTTP 回應碼）、使用者的重要操作（如身分驗證和密碼重置）及網站本身的活動（如發送電子郵件或呼叫 API）。

除了供管理員閱覽（以命令列或 Web 控制台）網站執行期間的日誌外，還要將日誌記錄到檔案中，以供日後分析或事件調查之用，在程式碼中加入日誌記錄功能，亦可輔助診斷問題，但要注意不可於日誌中寫入敏感資訊，例如密碼或信用卡資訊，以防有心人士透過日誌取得機密資料。

監視是量測網站的回應時間和其他效能指標之手段，監視 Web 伺服器和資料庫效能，並在回應過慢或資料庫查詢時間過長時，發送警報給管理員，幫助管理員及時發現負載過高或效能不佳的情況，因此，應該將 HTTP 和資料庫的回應時間傳遞到監視軟體，當伺服器和資料庫的回應時間超過特定閾值時，監視軟體要能發出警報。許多雲端平台都已內建監視軟體，要花些時間設定適當的錯誤條件和警報系統。

為了攔截及記錄程式碼中的非預期錯誤，應該使用錯誤回報機制，可透過日誌裡的錯誤內容或程式自行攔截的錯誤內容來建立錯誤狀態，然後將錯誤狀態收集到管理員可閱覽的儲存區。許多入侵攻擊會利用不當處理的錯誤狀態，務必費心關注非預期發生的錯誤。

像 Rollbar 和 Airbrake 這類第三方服務會提供一些插件，開發人員只需撰寫幾列程式就能收集錯誤，如果沒有時間或意願建立自己的錯誤回報系統，可考量選用第三方服務。Splunk 之類的日誌擷取工具也能從日誌檔裡挑選出錯誤，並以易讀的格式呈現。

管理相依元件

近代 Web 開發有一個現象，就是開發人員只撰寫小部分的網站程式碼，其他功能都由第三方程式庫提供，所以，有關依賴元件的管理必須納入常規 SDLC 一併考慮。網站通常會和作業系統、程式語言執行環境和相關的程式庫有關，Web 伺服器還會執行第三方的程式庫，為了讓你的程式碼能在網站正常運行，就需要這些第三方工具或元件（統稱依賴元件）。換句話說，你的軟體必須依賴這些軟體才能順利執行。

各路高手開發這些依賴元件，web 開發人員就不用自己撰寫記憶體管理或處理底層的 TCP 協定，這些高手都很關心安全漏洞議題，會及時釋出漏洞修補程式，我們應用善用這些資源！

要使用別人的程式碼也是需要付出精力的，安全的 SDLC 應包含第三方元件的查驗程序，及確認何時需套用修補程式，這一部分通常會在正常的開發週期之外進行，因為，駭客不會等到下一版的發行日期才開始攻擊安全漏洞。維護第三方元件的安全和維護團隊撰寫的程式之安全一樣重要，必須搶在漏洞公告之前就部署因應對策。第 14 章會介紹執行方式。

小結

本章已說明良好的軟體開發生命週期可以避免錯誤和軟體漏洞。

- 應該使用問題追蹤軟體記錄設計目標。
- 應將程式碼保管於版本控制系統，除供開發人員查看舊版的程式碼，亦能供機構進行程式碼審查。
- 正式發行之前，應該於專用的隔離測試環境中測試程式，該環境條件要盡量和正式環境一致，只是要格外謹慎處理測試資料。
- 應該要有可靠、可重現和可復原的發行程序。如果以腳本化的建構程序來產生部署所需的資產，應該結合單元測試，定期在持續整合環境中執行此腳本，以便盡早發現潛在問題。
- 發行之後，應該透過滲透測試檢測網站漏洞，在駭客利用此漏洞之前就先找出來；還應該使用監視、日誌記錄和錯誤回報機制檢測和診斷運行時出現的問題。
- 對於所使用的第三方程式碼，應該在安全漏洞發布之前就先找出可能的弱點，在正常發行週期之外完成第三方元件修補。

下一章終於要開始討論軟體漏洞及防禦之道，首先會關注網站所面臨的重大威脅，就是利用惡意輸入將程式碼注入 Web 伺服器的攻擊手法。

THE THREATS

PART II

常見威脅

INJECTION ATTACKS

6

注入攻擊

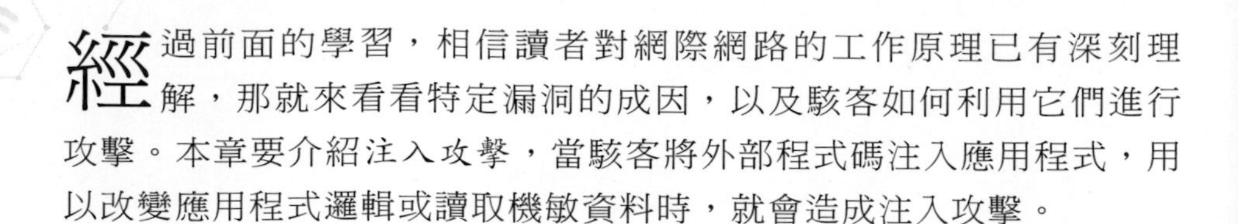

經過前面的學習，相信讀者對網際網路的工作原理已有深刻理解，那就來看看特定漏洞的成因，以及駭客如何利用它們進行攻擊。本章要介紹注入攻擊，當駭客將外部程式碼注入應用程式，用以改變應用程式邏輯或讀取機敏資料時，就會造成注入攻擊。

回想一下，網際網路其實也是主從式（*client-server*）架構用例，亦即，Web 伺服器可以同時處理多用戶端的連線，多數用戶端是 Web 瀏覽器，當使用者瀏覽網站時，瀏覽器代理使用者向 Web 伺服器發出 *HTTP* 請求，Web 伺服器則回傳 *HTTP* 回應，其中包含構成網站內容的 HTML。

由於 Web 伺服器掌控網站的內容，伺服器端的程式碼自然期待與使用者產生特定形態的互動，因此，希望瀏覽器發出可預期的 HTTP 請求，例如，使用者點擊鏈結（link）時，伺服器會期待看到對 URL 的 `GET` 請求，或者使用者輸入身分憑據並點擊「確定」鈕時，會看到 `POST` 請求。

然而，瀏覽器也可能發送伺服器預想不到的 HTTP 請求形態，此外，Web 伺服器也樂意接受來自其他類型的用戶端之 HTTP 請求，並非僅限瀏覽器。

會使用 HTTP 用戶端函式庫的開發人員就可以編寫腳本，向網際網路上的任何 URL 發送請求。第 1 章提到的駭客工具就可以做這樣的事。

伺服器端的程式碼並沒有可靠的方法來判斷是誰發出 HTTP 請求，因為 HTTP 請求的內容與用戶端無關，無法依照內容來判斷瀏覽代理的身分，目前較佳的方式是檢查 `User-Agent` 標頭所攜帶的瀏覽代理之描述，但是腳本和駭客工具常會偽造此標頭內容，讓瀏覽代理看起來像是一般瀏覽器。[譯註 1]

譯註 1　舉凡以 HTTP 協定和 Web 伺服器通訊的工具，統稱為「瀏覽代理」，最常見的是 Web 瀏覽器。

知道這些內幕後，駭客攻擊網站時，就可以透過 HTTP 請求遞交惡意代碼，誘騙伺服器去執行，此為網站注入攻擊的基礎。

網際網路常發生注入式攻擊，若攻擊成功，會造成極大衝擊，Web 開發人員有必要瞭解發生的原因及防範的方法。在撰寫網站程式時，一定要仔細思考網站所處理的 HTTP 請求之各種情況，而非僅是正常預期的結果，本章將介紹 *SQL 注入攻擊*、*命令注入攻擊*、*遠端程式碼執行攻擊*及*利用檔案上傳漏洞的攻擊*等四種類型的注入攻擊。

SQL 注入

*SQL 注入攻擊*是針對使用 SQL 資料庫，且以不安全方式編製資料查詢語句的網站，SQL 注入是危害網站安全的重大風險之一，因為多數網站都會使用 SQL 資料庫。2008 年就發生矚目事件，當時駭客從 Heartland 支付系統竊取 1 億 3 千萬筆信用卡號。Heartland 支付系統會處理商業交易的款項支付，且保有信用卡資訊，駭客透過 SQL 注入攻擊得到處理支付資料的 Web 伺服器之存取權，對依靠資訊安全做為業務保證的公司，這是一場大災難。

先來複習 SQL 資料庫的工作方式，以便瞭解 SQL 注入的原理及如何防範。

SQL 簡介

結構化查詢語言（*SQL*）用來讀取關聯式資料庫的資料和資料結構，關聯式資料庫將資料儲存在資料表（table）裡，資料表裡的每一列代表一筆資料項（紀錄），例如，使用者或產品。應用程式（Web 伺服器）可透過 SQL 語法以 `INSERT` 語句向資料庫加入新紀錄、`SELECT` 語句讀取紀錄、`UPDATE` 語句更新紀錄及 `DELETE` 語句刪除紀錄。

想像讀者在網站註冊時，Web 伺服器可能在後端執行如清單 6-1 的 SQL 語句。

```
❶ INSERT INTO users (email, encrypted_password)
  VALUES ('billy@gmail.com', '$10$WMT9Y')
❷ SELECT * FROM users WHERE email = 'billy@gmail.com'
  AND encrypted_password = '$10$WMT9Y'
❸ UPDATE USERS users encrypted_password ='3D$MW$10Z'
  WHERE email='billy@gmail.com'
❹ DELETE FROM users WHERE email = 'billy@gmail.com'
```

清單 6-1：使用者與網站互動時，Web 伺服器常執行的 SQL 語句

習慣上會將網站使用者的相關資訊儲存在 SQL 資料庫的「users」資料表，當使用者初次註冊並選定帳號和密碼後，Web 伺服器會對資料庫執行 INSERT 語句，在「users」資料表建立新的紀錄 ❶；下次使用者登入網站時，Web 伺服器就執行 SELECT 語句，嘗試從「users」資料表找出對應的紀錄 ❷；如果使用者更改密碼，Web 伺服器會執行 UPDATE 語句，更新「users」資料表裡對應的紀錄內容 ❸；最後，如果使用者關閉帳戶，網站可能會執行 DELETE 語句，從「users」資料表刪除該筆紀錄 ❹。

對於每次互動，Web 伺服器負責處理部分 HTTP 請求（例如在登入表單中所輸入的帳號和密碼），並針對資料庫編製及執行一組 SQL 語句，SQL 語句實際是透過資料庫驅動程式來執行，資料庫驅動程式是與資料庫溝通的專用程式庫。

剖析 SQL 注入攻擊

當 Web 伺服器不安全地編製 SQL 語句，並遞交給資料庫驅動程式，就會發生 SQL 注入攻擊，讓駭客能夠藉由 HTTP 請求傳遞參數，導致驅動程式執行開發人員預想不到的動作。

來看看什麼是不安全編製的 SQL 語句，當使用者嘗試登入網站時，Web 伺服器會從資料庫讀取該使用者的資料，假設 Java 程式碼如清單 6-2 所示。

```
Connection connection = DriverManager.getConnection(DB_URL, DB_USER, DB_PASSWORD);
Statement statement = connection.createStatement();
String sql = "SELECT * FROM users WHERE email='" + email +
             "' AND encrypted_password='" + password + "'";
statement.executeQuery(sql);
```

清單 6-2：在登入期間，從資料庫讀取使用者資料的不安全方法

此處編製的 SQL 語句就不安全！這一段程式碼將來自 HTTP 請求的 `email` 和 `password` 參數直接插入 SQL 語句，由於未檢查參數是否含有改變 SQL 語句含義的控制字元（例如單引號「`'`」），駭客就可故意輸入能繞過網站身分驗證機制的資料。

如清單 6-3 所示的範例，駭客以 email 參數傳送「`billy@gmail.com'--`」，藉由註解符號（--）提早終止 SQL 語句，讓密碼檢查邏輯不被執行：

```
statement.executeQuery(
  "SELECT * FROM users WHERE email='billy@gmail.com'❶--' AND encrypted_
password='Z$DSA92H0'❷");
```

清單 6-3：利用 SQL 注入繞過身分驗證管制

資料庫驅動程式只會執行到 ❶ 之前的 SQL 語句，而忽略其後的所有內容 ❷，對於這種類型的 SQL 注入攻擊，單引號（`'`）可以提前閉合 email 參數，而 SQL 的註解符號（`--`）誘騙資料庫驅動程式不去執行後段的密碼檢查語句，此 SQL 語句讓駭客在不知密碼的情況下，以特定使用者身分登入，駭客要做的就是在登入表單的 email 資料裡添加「`'`」和「`--`」字元。

這是相對簡單的 SQL 注入攻擊範例，更高階的手段是利用資料庫驅動程式在資料庫系統執行其他命令，清單 6-4 也是一種 SQL 注入攻擊，透過執行 DROP 命令將 users 資料表完全移除，進而破壞資料庫的完整性。

```
statement.executeQuery("SELECT * FROM users WHERE email='billy@gmail.com';❶
DROP TABLE users;❷--' AND encrypted_password='Z$DSA92H0'");
```

清單 6-4：進行 SQL 注入攻擊

以這個例子而言，駭客利用 email 參數傳送「billy@gmail .com'; DROP TABLE users;--」，分號（;）是第一組 SQL 語句的結束 ❶，駭客在它後面又插入一組額外的破壞性語句 ❷。資料庫驅動程式會執行這兩組語句，使資料庫受到損壞！

如果網站存在 SQL 注入漏洞，駭客通常能夠對資料庫下達任意 SQL 語句，進而達到繞過身分驗證、讀取任意資料、下載和刪除資料，甚至在呈現給使用者的網頁注入惡意 JavaScript。要掃描網站是否存在 SQL 注入漏洞，可以使用 Metasploit 之類的駭客工具來爬找網頁，並測試 HTTP 參數是否具有可利用的漏洞，只要網站存在 SQL 注入漏洞，遲早會被壞人摸上門。

防範措施 1：使用參數化語句

為了防止 SQL 注入攻擊，需要使用綁定參數方式來編製 SQL 查詢語句，綁定參數只是佔位符，資料庫驅動程式會利用輸入的資料，安全地取代這些佔位符，例如用清單 6-1 所示的 email 或 password 欄位值取代佔位符。使用綁定參數方式的 SQL 語句稱為參數化語句。

SQL 注入攻擊是使用 SQL 語法中具有特殊意義的「控制字元」來「跳脫」原本預想的行為，而達到竄改 SQL 語句的意義。使用綁定參數時，這些控制字元的前面會自動補以「轉義字元」而失去「控制」功效，將控制字元轉義（escape），就能消弭可能的注入攻擊。

使用綁定參數安全編製 SQL 語句，結果類似清單 6-5 所示。

```
Connection connection = DriverManager.getConnection(DB_URL, DB_USER, DB_PASSWORD);
Statement statement = connection.createStatement();
❶ String sql = "SELECT * FROM users WHERE email = ? and encrypted_password = ?";
❷ statement.executeQuery(sql, email, password);
```

清單 6-5：使用綁定參數來防阻 SQL 注入攻擊

這段程式碼使用「?」作為綁定參數 ❶ 編製參數化形式的 SQL 查詢，後續的程式碼將輸入值綁定到查詢語句的參數上 ❷，要求資料庫驅動程式將含有控制字元的參數值，以安全方式插入 SQL 語句，如果駭客嘗試使用清單 6-4 所提的方式，利用輸入「`billy@email.com'--`」來操控此查詢語句，則清單 6-6 所示安全編製的 SQL 語句就能防範這類攻擊。

```
statement.executeQuery(
  "SELECT * FROM users WHERE email = ? AND encrypted_password = ?",
  "billy@email.com'--,",
  "Z$DSA92HO");
```

清單 6-6：解除 SQL 注入攻擊的引信

因為資料庫驅動程式保證不會提前終止 SQL 語句，此 SELECT 語句無法查詢到任何使用者，致使攻擊意圖失效，參數化的語句可確保資料庫驅動程式會將所有控制字元，如「'」、「-」和「;」都視為 SQL 語句的輸入值，而不是 SQL 語法的一部分，若不確定你的網站是否完全使用參數化語句，請立即著手檢查！因為，SQL 注入可能是網站所面臨的最大風險。

當 Web 伺服器與後端系統通訊時，若使用後端平台的原生語言來編製命令語句，就可能發生相似類型的注入攻擊。包括 NoSQL 資料庫（如 MongoDB 和 Apache Cassandra）、分散式快取（如 Redis 和 Memcached）及輕型目錄存取協定（*LDAP*）的目錄，這些平台個自都有實作綁定參數的溝通機制，務必瞭解其工作原理，並落實於自行開發的程式碼裡。

防範措施 2：使用 ORM

許多 Web 伺服器的程式庫和框架都將 SQL 語句的顯式結構予以抽象化，讓我們可以透過物件關聯映射（*ORM*）存取資料物件，ORM 程式庫將資料表的紀錄映射到記憶體裡的程式物件，開發人員不必再編製 SQL 語句即可讀取和更新資料庫內容，這種架構可以防禦多數的 SQL 注入攻擊，但應用 ORM 時若仍自行定義 SQL 語句，還是易受攻擊，因此，有必要瞭解 ORM 的背後運作原理。

最為人知的 ORM 可能是 Ruby on Rails ActiveRecord 框架，清單 6-7 是以安全方式查找特定使用者的 Rails 程式碼。

```
User.find_by(email: "billy@gmail.com")
```

清單 6-7：Ruby on Rails 的程式碼以一種可以防止注入攻擊的方式，透過 email 欄位來查找使用者

由於 ORM 背後是以綁定參數方式運作，可以防止大部分的注入攻擊，但許多 ORM 存在巧門，必要時，開發人員仍能使用原生的 SQL 語句，運用此類巧門的功能時，需要特別留意編製的 SQL 語句，像清單 6-8 的範例就是容易被注入的 Rails 程式碼。

```
def find_user(email, password)
  User.where("email = '" + email + "' and encrypted_password = '" + password + "'")
end
```

清單 6-8：易受注入攻擊的 Ruby on Rails 程式碼

上列程式碼中，將 SQL 語句的原始字串傳送給 ORM 處理，駭客可以提供特殊字元操縱 Rails 產生的 SQL 語句，若駭客將 password 變數的值設為「`' OR 1=1`」，此 SQL 就可以繞過帳密檢查，如清單 6-9 所示。

```
SELECT * FROM users WHERE email='billy@gmail.com' AND encrypted_password ='' OR 1=1
```

清單 6-9：「1=1」永遠為 true，因而繞過帳密檢查

上列 SQL 語句的最後一項條件可以繞過帳密檢查，讓駭客得以某位使用者身分登入系統，請將它改成綁定參數方式，在 Rails 程式中安全呼叫 `where` 函式，如清單 6-10 所示。

```
def find_user(email, encrypted_password)
  User.where(["email = ? and encrypted_password = ?", email, encrypted_password])
end
```

清單 6-10：利用綁定參數，安全使用 where 函式

當使用綁定參數方式，ActiveRecord 框架會安全地處理駭客添加到 `email` 或 `password` 參數的所有 SQL 控制字元。

額外防範：應用縱深防禦機制

根據經驗法則，對網站的保護寧可過度，也不要不足，單單逐列檢查程式碼是否存在漏洞，依然是不夠的，還需要安全實作每一層通訊堆疊，讓每一層級負擔自己的安全，這是一種稱為縱深防禦（*defense in depth*）的方法。

以居家保全為例，最主要的措施是對所有門窗裝鎖，但是加裝防盜警報器、安全攝影機、僱用居家保全或養一隻大狼狗，也都有助於提升住家安全程度。

對於防禦 SQL 注入的縱深防禦，當使用綁定參數，若駭客仍能找到成功執行注入攻擊的方法，應加採其他手段，盡量減少危害程度，這裡提供兩種減輕注入攻擊風險的方法。

最小權限原則

減輕注入攻擊風險的額外手段是遵循最小權限原則，只賦予每個執行程序和應用程式執行所需作業的最小權限，不要給予其他額外權限，若駭客向 Web 伺服器注入程式碼並入侵成功，能造成的損害也僅限於受入侵的軟體所允許的操作。

如果 Web 伺服器會與資料庫對話，應確保登入資料庫的帳號只具備操作資料的基本權限，大部分網站只需用到 SQL 命令子集的資料操作語言（*DML*）部分，如前面討論的 SELECT、INSERT、UPDATE 和 DELETE 語句。

SQL 命令的另一資料定義語言（*DDL*）子集可使用 CREATE、DROP 和 ALTER 語句來建立、刪除和修改資料庫本身及其資料表的結構，Web 伺服器通常不需要執行 DDL 權限，因此，不需授予 DDL 權限！將 Web 伺服器的權限縮到最小的 DML，可以降低駭客入侵後造成的危害。

盲與非盲的 SQL 注入

駭客進行 SQL 注入攻擊時會區分盲注和非盲注方式，如果網站的錯誤訊息會將機敏資訊洩漏給用戶端，例如違反資料唯一性約束的訊息「此電子郵件位址已存在於 users 資料表」，這就是一種非盲注的 SQL 攻擊，駭客能夠馬上得到入侵結果的回饋訊息。

如果只回給用戶端通用型訊息，例如「找不到此帳號和密碼」或「程式發生意外錯誤」，就屬於盲注的 SQL 攻擊，如此一來，駭客只能摸黑處理，拿到的訊息則少之又少，非盲注的網站漏洞比較好攻擊，應避免在錯誤訊息中洩漏情資。

命令注入

另一種注入攻擊類型是命令注入，當網站不安全地調用作業系統的命令時，駭客就可以利用它進行攻擊。如果 Web 應用程式有調用作業系統命令，命令字串一定要安全可靠，否則，駭客能夠製作可執行任意作業系統命令的 HTTP 請求，完全控制你的應用系統。

以程式語言來看，編製命令字串來執行作業系統命令，其實並不尋常，例如，Java是在虛擬機裡運行，雖然可以使用「java.lang.Runtime」類別調用虛擬機外的作業系統命令，但Java應用程式的設計目標是為了可跨作業系統移植，依賴特定作業系統才能使用的限制，有違Java的設計哲學。

直譯型的程式語言則比較常見到調用作業系統命令，像PHP是遵循Unix簡單原則而開發的，即「每支程式只負責單一功能，並利用文字串流與另一支程式溝通」，因此PHP應用程式通常會透過命令列呼叫其他外部程式，類似情況也出現在Python和Ruby腳本上，所以，透過它們可以輕易執行作業系統層級的命令。

剖析命令注入攻擊

如果網站允許調用作業系統命令，必須確保駭客無法欺騙Web伺服器執行額外注入的命令，假設網站會執行「nslookup」來解析網域和IP位址，如清單6-11，PHP程式從HTTP請求取得網域或IP位址，然後編製一組調用作業系統命令的字串。

```
<?php
   if (isset($_GET['domain'])) {
       echo '<pre>';
       $domain = $_GET['domain']❶;
       $lookup = system("nslookup {$domain❷}");
       echo($lookup);
       echo '</pre>';
   }
?>
```

清單6-11：PHP程式接收HTTP請求，並編製一組調用作業系統命令的字串

在❶處取得HTTP請求中的domain參數值，當編造命令字串時，程式碼並沒對domain的值做轉義處理❷。如圖6-1，駭客可以特製一組URL，並於其後附加一組額外的惡意命令。

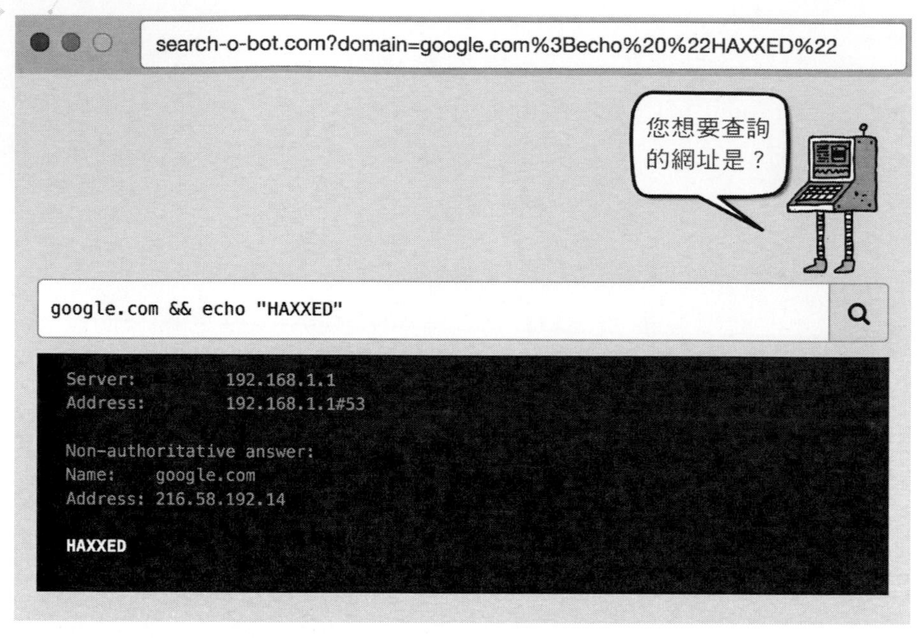

圖 6-1：使用 URL 注入惡意命令

駭客利用 domain 參數提交「`google.com && echo "HAXXED"`」，從瀏覽器網址列可看到參數中的空格和特殊符號經過 URL 編碼處理。在 UNIX 系統可以用「`&&`」連接兩個獨立的命令，因為上面的 PHP 程式碼沒有刪除此類控制字元，駭客便可精心編製 HTTP 請求，以便附加一組額外的命令，在這種情況下，作業系統將執行兩個單獨的命令：預期用來查找 *google.com* 的 `nslookup` 命令，以及跟在 nslookup 後面所注入的「`echo "HAXXED"`」命令。

這個例子是注入無害的「`echo`」命令，只會在 HTTP 回應輸出「`HAXXED`」，但駭客可以使用此漏洞注入並執行伺服器上的任何命令，不需吹灰之力便能瀏覽檔案系統、讀取機敏資料，甚至破壞整個應用系統，藉由 Web 伺服器調用作業系統命令的功能，駭客幾乎可完全控制系統，除非讀者已採取嚴謹措施減輕影響程度。

防範措施：將控制字元轉義

就像 SQL 注入一樣，只要對 HTTP 請求所輸入的資料適當轉義，就能有效防禦命令注入攻擊，所謂適當轉義就是用安全的字元取代輸入資料裡的控制字元（如 &），至於實際作法則取決於使用的作業系統及程式語言，要讓清單 6-11 的 PHP 程式更安全，只需如清單 6-12 呼叫 escapeshellarg 函式協助轉義即可。

```
<?php
    if (isset($_GET['domain'])) {
        echo '<pre>';
        $domain = escapeshellarg❶($_GET['domain']);
        $lookup = system("nslookup {$domain}");
        echo($lookup);
        echo '</pre>';
    }
?>
```

清單 6-12：PHP 程式對 HTTP 請求的資料進行轉義

藉由呼叫 escapeshellarg ❶ 來轉義輸入資料，可確保駭客無法利用 domain 參數注入額外的命令。

Python 和 Ruby 也具備防範命令注入攻擊的能力。

對於 Python，在呼叫 call() 函式時，應該使用陣列傳遞參數，而不是直接傳入字串，如清單 6-13 所示，這樣便能防止駭客在正常資料後面附加額外的命令。

```
from subprocess import call
call(["nslookup", domain])
```

清單 6-13：Python 程式模組中的 call 函式

Ruby 則使用 system() 函式來調用作業系統命令，和 Python 的 call() 原理相同，如清單 6-14，使用陣列而非字串來傳遞參數，可確保駭客無法偷偷塞入額外命令。

```
system("nslookup", domain)
```

清單 6-14：Ruby 的 system() 函式

與 SQL 注入相同，遵循最小權限原則，讓 Web 服務程式只以所需的權限運行，例如限制它可讀取或寫入的目錄，有助於限制入侵後的影響程度。在 Linux 上，利用 chroot 命令可以限制被入侵的服務程式無法跳越指定的根目錄去瀏覽其他資料夾。也應該嘗試藉由網路防火牆和存取控制清單（ACL），限制 Web 伺服器對網路的存取範圍，這些手段會讓駭客更難利用命令注入漏洞，即使可以執行命令，除了讀取 Web 伺服器所在的目錄外，哪兒也去不了。

遠端程式碼執行

到目前為止，已看到駭客利用 web 程式編製命令字串的漏洞，如何控制資料庫（SQL 注入）或調用作業系統命令（命令注入）。在其他情況下，駭客能夠注入 Web 伺服器本身使用的程式語言之惡意程式碼，讓 Web 伺服器去執行注入的程式碼，這是一種遠端程式碼執行（*RCE*）的手法，雖然針對網站的 RCE 攻擊比前面介紹的注入漏洞來得少，但一樣很危險。

剖析遠端程式碼執行的攻擊

駭客要先找到特定類型的 Web 伺服器之漏洞，並針對伺服器所運用的技術，精心特製漏洞利用腳本，才能達成遠端程式碼執行攻擊的目的。漏洞利用腳本會將惡意程式碼合併到 HTTP 請求的本文內容裡，並將它編碼成伺服器處理請求時會讀取並執行的格式，施行遠端程式碼執行的技巧各有不同，安全研究人員會分析 Web 伺服器常用元件，尋找可注入惡意程式碼的漏洞。

2013年初，研究人員在Ruby on Rails發現一個漏洞，駭客可以利用該漏洞將自製的Ruby程式碼注入伺服器的程序中，由於Rails框架會根據其「Content-Type」標頭自動剖析請求內容，研究人員發現若使用嵌入式YAML物件（Rails社群常用來儲存組態資料的一種標記語言）建立XML請求，就可能欺騙剖析程式去執行這段程式碼。

防範措施：在反序列化時停用程式碼執行功能

遠端程式碼執行漏洞通常出現於Web伺服器軟體進行不安全的反序列化時。序列化（*Serialization*）是將記憶體裡的資料結構轉換為二進制資料串流的過程，一般是為了橫跨網路傳遞資料；反序列化（*Deserialization*）則為逆向過程，接收二進制資料串流的一端將它轉回記憶體裡的資料結構。

各種主流程式語言都有序列化程式庫，且被廣泛使用，某些序列化程式庫（如Rails使用的YAML解析器）會在資料串流轉成記憶體資料時，執行裡頭的程式碼，若已序列化資料的來源是可信任的，這項功能就很實用，如果來自不可信任的來源，那就非常危險，因為它能夠執行任意程式碼。

如果Web伺服器使用反序列化處理來自HTTP請求的資料，應該解除所使用的序列化程式庫之程式碼執行功能，否則，駭客可能會找出將程式碼注入Web服務程式的途徑，一般是透過組態設定來停用序列化程式庫的程式碼執行功能，讓Web伺服器軟體可以在不執行程式碼的情況下完成資料轉換。

若開發人員使用現成的Web伺服器來建立網站，而不是自己撰寫Web伺服器的程式，想防範Web服務執行遠端程式碼，就需要時時刻刻將安全建議謹記心中，並落實執行，由於不太可能自己撰寫序列化程式庫，必須清楚自己的程式碼在哪些地方使用到第三方的序列化程式庫，確認你的系統已關閉反序列化的程式碼執行功能，並隨時留意Web伺服器廠商發布的漏洞公告。

INJECTION ATTACKS

檔案上傳的漏洞

本章最後要介紹的注入攻擊類型是利用檔案上傳功能的漏洞，網站在許多方面都會用到檔案上傳功能，例如：提供使用者將圖片加到個人資料或文章、電子郵件的附件、提交報告文書、與他人分享文件等等。瀏覽器藉由內建的檔案上傳元件和 JavaScript API，讓使用者可以將檔案拖拉到網頁上，並以非同步方式發送給伺服器，讓檔案上傳的手續更簡便。

然而，瀏覽器大多不會特別去檢查檔案的內容，因此，駭客便能輕易濫用檔案上傳功能，在檔案裡注入惡意程式碼，Web 伺服器通常將上傳的檔案視為大型二進制資料，駭客能夠在不被 Web 伺服器偵測到的情況下，上傳惡意載荷，就算網站具有檢查待上傳檔案內容的 JavaScript 程式碼，駭客還是能撰寫腳本，直接將檔案資料提交給伺服器端，從而規避用戶端的防範措施。

來看看駭客是如何利用檔案上傳功能，以便找出需要修補的安全漏洞。

剖析檔案上傳攻擊

舉個檔案上傳漏洞的例子，看看駭客如何攻擊網站的個人資料之圖片上傳功能。駭客先編寫一支小小的 *Web Shell*，這是一支簡單的可執行腳本，當瀏覽此腳本時，它會從 HTTP 請求取得參數，再透過作業系統環境執行該參數指定的命令，然後將執行結果以 HTTP 回應送回用戶端，Web Shell 是駭客常用來控制 Web 伺服器的工具。清單 6-15 是一支用 PHP 寫成的 Web shell 的範例。

```
<?php
  if(isset($_REQUEST['cmd'])) {
    $cmd = ($_REQUEST['cmd']);
    system($cmd);
  } else {
    echo "What is your bidding?";
  }
?>
```

清單 6-15：用 PHP 語言寫成的 web shell

駭客先在本機將腳本儲存為「*hack.php*」，然後將它當成個人資料的圖片上傳到網站。作業系統通常會將 PHP 檔案視為可執行的檔案，這正是有效攻擊的關鍵，很明顯，以「*.php*」結尾的檔案並非有效的圖片檔，但駭客能輕易讓檢查上傳檔案類型的 JavaScript 失效。

只要駭客成功上傳這支「圖片」檔，他在網站的個人資料頁面之圖片區域會顯示圖片不存在標記，因為該圖片已損壞，上傳的 .php 並非真正的圖片。但對駭客而言已達成走私 Web Shell 到伺服器的目的，惡意程式碼現在已部署到網站，就等待以某種形式執行。

由於 Web Shell 的 URL 可由網際網路存取，駭客或許已經建立可執行任意程式碼的後門。如果伺服器的作業系統已安裝 PHP 執行環境，而且在上傳過程中，該檔案是以可執行模式寫入目標磁碟，駭客只需呼叫此「圖片」檔對應的 URL，就能執行此 web shell。

為了要執行命令注入攻擊，駭客可以透過「cmd」參數將任意作業系統命令傳遞給伺服器上的 Web Shell，如圖 6-2 所示。

```
cdn.example.com/1a2fe/hack.php?cmd=cat+/etc/mysql/my.cnf

[client]
user=admin
password=3f34f1de384f041a73f859cd6b5bd4c5
db_name=43d1f5f70e359968b660e04c0e44c9e1
host=ec5-109--23.compute-32.amazonaws.com
port=2323

[mysql]
no-auto-rehash
connect_timeout=3
```

圖 6-2：檔案上傳功能若有漏洞，駭客能利用 Web Shell 竊取資料庫連線憑據

這個例子是瀏覽伺服器上的檔案系統，駭客已利用檔案上傳功能取得遠端 web 伺服器的作業系統存取權限，達到如前面介紹的命令注入攻擊相同效果。

防範措施

有許多種手段可防範藉由檔案上傳走私惡意程式碼，最重要的措施是確保任何上傳的檔案都不能被當成程式來執行，遵循縱深防禦原則，也應該分析上傳的檔案內容，拒絕任何疑似惡意或格式不正確的檔案。

措施 1：將檔案保管於安全系統上

保護檔案上傳功能的最重要手段是確保 Web 伺服器將檔案視為一般性檔案，而非可執行對象，例如，將上傳的檔案託管在 Cloudflare 或 Akamai 之類的內容遞送網路（CDN，參考第 4 章），它將安全風險轉嫁給負責儲存檔案的第三方。

CDN 還具有與安全無關的其他好處，它可以快速地將檔案提供給瀏覽器，並且在你上傳檔案時，檔案可以經由一系列管線處理，許多 CDN 有提供精緻的 JavaScript 上傳元件，開發人員只需幾列程式就能引用這些功能，有些還額外提供圖片裁剪或簡易編輯功能。

若基於某種因素而無法使用CDN，將上傳的檔案儲存到雲端儲存體（如亞馬遜的簡易儲存服務〔S3〕）或專屬的內容管理系統（CMS），也可以得到類似的好處，此兩者皆可提供安全儲存，能夠抑制上傳的Web Shell起作用。如果是使用自建的CMS，必須要確認它的安全組態已正確設定。

措施2：確保上傳的檔案無法執行

如果不能使用CDN或CMS，就需要採用與CDN或CMS相同的管理手段來保護檔案，所有寫入磁碟的檔案都不可賦予執行權限、將上傳的檔案隔離在特定目錄或儲存區域（不要與web程式混雜在一起）、在伺服器上只安裝必要的軟體（若不須執行PHP，就卸載PHP引擎！）以達到強化安全機制的目標。將上傳檔案重新命名也是個好主意，這樣寫入磁碟的檔案就不會帶有危險副檔名（延申檔名）。

當然，要達成這些目標的方法會因託管技術、作業系統和使用的程式語言而異，例如在Linux運行Python Web伺服器，建立檔案時可使用os模組設定該檔案的許可權限，如清單6-16。

```
import os
file_descriptor = os.open("/path/to/file", os.O_WRONLY | os.O_CREAT, 0o600)
with os.fdopen(open(file_descriptor, "wb")) as file_handle:
  file_handle.write(...)
```

清單6-16：Linux上的Python以讀寫（不具執行）權限將資料寫入檔案系統

移除作業系統的多餘軟體，也是很好的安全手段，如此一來，可以大大減少駭客能用的工具，降低他的活動能力。使用網際網路安全中心（CIS）提供的強化型作業系統映像是不錯的起點，可以從Docker映像或亞馬遜Web服務市集裡的亞馬遜虛擬機映像（AMI）取得。

措施 3 ：檢驗上傳檔案的內容

若事先已知要上傳的檔案類型，可考慮在程式中加入檔案類型檢查功能，確保 HTTP 請求的「Content-Type」標頭與預期上傳的檔案類型一致，可是要注意，駭客能夠輕易修改請求標頭的內容。

檔案上傳後再檢驗檔案類型，也是做得到的，最好在伺服器端的程式中實作清單 6-17 所示的功能，不過，你要下的工夫可能不只這些，聰明的駭客已經設計出適用多種合法檔案類型的攻擊載荷，成功滲透各種系統。

```
>>> import imghdr
>>> imghdr.what('/tmp/what_is_this.dat')
'gif'
```

清單 6-17：Python 藉由讀取檔頭來驗證檔案格式

措施 4 ：執行防毒軟體

最後，網站若運行於易受病毒感染的伺服器平台（Windows），記得要安裝防毒軟體，並隨時更新病毒碼，對病毒型載荷而言，檔案上傳功能其實是一扇敞開的大門。

小結

本章介紹了各種注入式攻擊，駭客能夠透過惡意的 HTTP 請求來控制後端系統。

SQL 注入攻擊是利用 Web 程式與 SQL 資料庫通訊時，沒能安全地編製 SQL 語句的漏洞，當要和資料庫驅動程式通訊時，可以藉由綁定參數來防範 SQL 注入攻擊。

命令注入攻擊則是利用程式碼以不安全方式調用作業系統功能的漏洞，只要藉由正確綁定參數就能緩解命令注入攻擊。

遠端程式碼執行漏洞，讓駭客能夠在 Web 服務程式裡執行攻擊程式，此漏洞一般是由不安全的序列化程式庫所造成的，對於所使用的序列化程式庫和 Web 伺服器軟體，要隨時留意最新的安全公告。

如果檔案上傳功能是以可執行權限將檔案寫入磁碟，該功能就存在命令注入攻擊的可能性，最好是將上傳的內容寫到第三方系統，或者以適當的權限寫入磁碟，並在上傳時盡可能檢驗檔案類型。

遵循最小權限原則，可以減輕所有注入攻擊帶來的風險，最小權限原則是只賦予執行程序和軟體組件執行其任務所需的基本權限，而不能再擁有更多權限，當駭客注入有害程式碼後，這種方法可以降低可能的危害程度，最小權限原則的應用，包括限制 Web 服務程式對檔案和網路的存取權、限制連接資料庫的帳號之操作權限。

下一章將介紹駭客如何利用 JavaScript 漏洞來攻擊網站。

CROSS-SITE SCRIPTING ATTACKS

7

跨站腳本攻擊

儲存型 XSS

反射型 XSS

DOM 型 XSS

小結

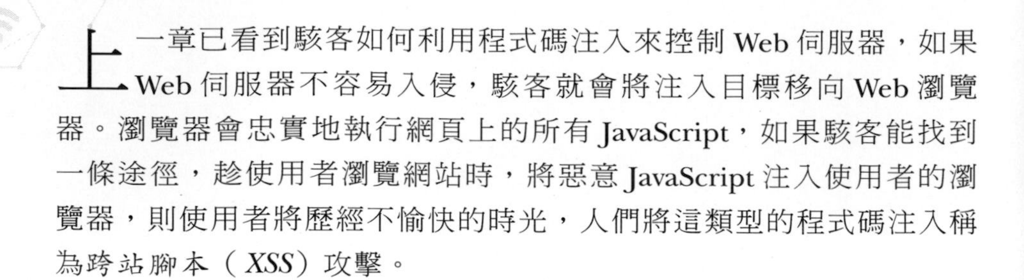

上一章已看到駭客如何利用程式碼注入來控制 Web 伺服器，如果 Web 伺服器不容易入侵，駭客就會將注入目標移向 Web 瀏覽器。瀏覽器會忠實地執行網頁上的所有 JavaScript，如果駭客能找到一條途徑，趁使用者瀏覽網站時，將惡意 JavaScript 注入使用者的瀏覽器，則使用者將歷經不愉快的時光，人們將這類型的程式碼注入稱為*跨站腳本*（*XSS*）攻擊。

JavaScript 可以讀取或修改網頁的任何部分，駭客能夠利用跨站腳本漏洞進行許多勾當，例如竊取使用者登入網站時所輸入的帳密，或信用卡卡號等機敏資料，若 JavaScript 可以讀取 HTTP 連線狀態（session）資訊，便能完全劫持使用者的連線，假冒該使用者的身分瀏覽 web 服務。第 10 章會介紹詳細的 session 劫持手法。

XSS 是一種常見的攻擊類型，帶來的危害也顯而易見，本章將介紹三種常見的 XSS，並提供防範措施。

儲存型 XSS

網站常常使用儲存在資料庫裡的資訊來產生 HTML，網路商店將產品資訊儲存在資料庫裡，社交網站也會將用戶的交談內容儲存在資料庫裡，網站根據使用者瀏覽的 URL，從資料庫讀取內容並插入網頁，最終產生 HTML 碼。

任何包含來自資料庫內容的網頁，對駭客而言都是潛在的攻擊向量，駭客會嘗試將 JavaScript 注入資料庫，當 Web 伺服器在產生 HTML 時，便會將 JavaScript 插入裡頭。這種類型的攻擊稱為*儲存型 XSS*，由於 JavaScript 是寫到資料庫裡，當警覺心較低的使用者瀏覽網站的特定網頁時，就會觸發瀏覽器執行其中的 JavaScript。

利用第 6 章介紹的 SQL 注入手段就能將惡意 JavaScript 植入資料庫，不過，駭客更常透過合法途徑插入惡意程式碼，例如，網站允許使用者發表評論，而且會將該則評論儲存於資料庫，當其他使用者閱覽同一主題的評論時，瀏覽器就會顯示評論內容，在這種情況下，駭客執行 XSS 攻擊的簡單方法是提供含有「<script>」標籤的評論，讓 JavaScript 隨同評論的一般文字寫入資料庫。網站若未能安全建構 HTML，每當使用者瀏覽該網頁時，<script> 標籤都會輸出到瀏覽器，裡頭的 JavaScript 將在受害者的瀏覽器上執行。

舉個例子，假設有個受歡迎的烘焙社群網站，網址為 *https://breddit.com*，網站鼓勵用戶參與討論麵包烘焙話題，線上論壇的大部分內容都是由用戶貢獻的，每當用戶發表言論，網站就會將其內容寫入資料庫，及呈現給參與同一主題的其他使用者，於是駭客有機會利用評論注入 JavaScript，如圖 7-1 所示。

圖 7-1：駭客利用撰寫評論，在網站注入 JavaScript

假如網站在編寫 HTML 時沒有對注入的腳本做轉義處理（下一節討論），則下一位閱讀評論的用戶就會把駭客注入的 <script> 引薦給瀏覽器執行，結果如圖 7-2 所示。

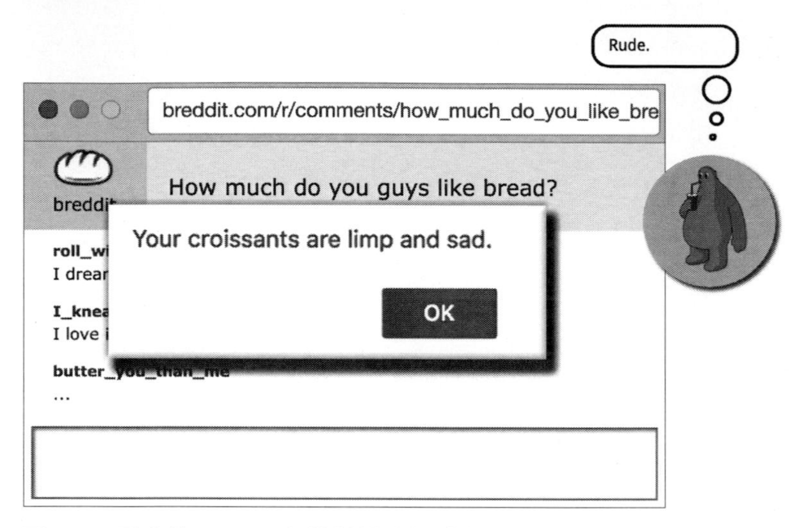

圖 7-2：駭客的 <script> 標籤被輸出給受害者的瀏覽器執行

無聊的 alert() 對話框只會干擾使用者體驗，但駭客通常用這種方法檢查是否存在 XSS 弱點，若能呼叫 alert() 函式，就可能升級成更具威力的攻擊，例如竊取其他使用者的 session，或將受害者導向惡意網站。此烘焙社群不再是安全的線上服務了！

論壇的評論並非唯一存在此類漏洞的地方，只要是用戶可控制的任何內容，都是需要被保護的潛在攻擊途徑。駭客可以在用戶名稱、個人資料頁面、線上評論等處注入惡意腳本而達到 XSS 攻擊的目的。接著來看看幾個簡單的保護手法。

防範措施 1：轉義 HTML 字元

為了避免發生儲存型 XSS 攻擊，需要對來自所儲存的動態資料（不單單來自資料庫）進行轉義處理，讓瀏覽器將它們視為 HTML 內容字元，而不是原始的 HTML 碼。

所謂對內容做轉義處理，是使用對應的單元體（Entity）編碼來替換 HTML 裡的控制字元，如表 7-1 所示。

表 7-1：HTML 控制字元的單元體編碼

控制字元	單元體編碼
"	"
&	&
'	'
<	<
>	>

任何在 HTML 中具有特殊含義的字元，都有對應的安全單元體編碼，像「<」和「>」代表標籤開始和結束字元，瀏覽器遇到單元體編碼時，能辨別它們是被轉義的字元，並以適當的文字呈現在螢幕上，更重要的是，不會將單元體編碼的字元視為 HTML 標籤。清單 7-1 顯示安全的網站如何輸出圖 7-1 所輸入在評論裡的攻擊內容，粗體字部分原本是駭客用來編製 HTML 標籤的字元，但已經過轉義處理。

```
<div class="comment">
  &lt;script&gt;alert(&quot;HAXXED&quot;)&lt;/script&gt;
</div>
```

清單 7-1：透過字元轉義解除 XSS 攻擊的可能性

瀏覽器在建構此網頁 DOM 之後，才會將轉義字元轉換成原本的文字，因此 <script> 標籤不會被執行，轉義 HTML 控制字元的方法可以讓大多數的 XSS 攻擊失效。

由於 XSS 是常見的漏洞，近代 Web 框架預設會做動態內容轉義處理，尤其是網頁模板，不需特別設定就會對插入的值進行轉義，在嵌入式 *Ruby*（*ERB*）模板使用動態變數的語法類似清單 7-2。

```
<div class="comment">
  <%= comment %>
</div>
```

清單 7-2：嵌入式 Ruby 模板語法預設會轉義動態內容

ERB 模板引擎在評估動態內容時，會將「<%= comment %>」語法裡的變數自動做轉義處理。

若想輸出原始、未轉義的 HTML 碼（易受 XSS 攻擊），ERB 模板需要明確呼叫 `raw` 函式，如清單 7-3 所示。

```
<div class="comment">
  <%= raw comment %>
</div>
```

清單 7-3：允許在嵌入式 Ruby 模板注入原始的 HTML 語法

除非開發人員明確指示編製原始 HTML 碼，否則，安全的模板語言之處理引擎都預設轉義動態內容，請確實瞭解模板的轉義機制，並在源碼審查時確認動態內容是否被安全轉義！對於使用其他函式或方法編造插入模板的原始 HTML 碼，要特別注意駭客能否透過輸入的值執行 XSS 攻擊。

防範措施 2：實作內容安全原則

現在的瀏覽器都能接受網站指示的內容安全原則（*CSP*），可以封鎖不當的 JavaScript 被執行，XSS 攻擊是依賴駭客在受害網頁執行惡意腳本，通常是在網頁的 `<html>` 標籤內部注入 `<script>` 標籤，也就是使用內聯（*inline*）JavaScript 形式，圖 7-2 的範例就是以內聯 JavaScript，讓腳本被當成評論內容而輸出。

利用在 HTTP 回應標頭設定 CSP，指示瀏覽器只執行由 `<script>` 標籤的 `src` 屬性匯入網頁的 JavaScript，不要執行內聯 JavaScript，典型的 CSP 標頭類似清單 7-4 所示，這段 CSP 指示瀏覽器只能接受來自與網頁同網域（`'self'`）或「*apis.google.com*」的 JavaScript，不接受內聯型 JavaScript。

```
Content-Security-Policy: script-src 'self' https://apis.google.com
```

清單 7-4：在 HTTP 回應標頭裡設定的內容安全原則

如清單 7-5 所示，也可以在網頁的 `<head>` 元素之 `<meta>` 標籤中設定內容安全原則。

```
<meta http-equiv="Content-Security-Policy" content="script-src 'self' https://apis.
google.com">
```

清單 7-5：在 HTML 文件的 <head> 元素中設置等效之內容安全原則

設定瀏覽器可以載入腳本的網域白名單，隱含著瀏覽器不允許執行內聯 JavaScript，以此例而言，瀏覽器只能從「*apis.google.com*」及自身所在的網域（如 *breddit.com*）載入 JavaScript，若要允許使用內聯 JavaScript，就必須在原則中加入「`unsafe-inline`」關鍵字。

防止執行內聯 JavaScript 是一項很好的安全措施，但也表示必須將目前已使用的所有內聯 JavaScript 移到獨立檔案，再自外部匯入，換句話說，要利用網頁 <script> 標記之「src」屬性引用獨立的 JavaScript 檔案，而不是在 <script> 和 </script> 之間撰寫 JavaScript。

在開發 Web 程式時，應優先採用 JavaScript 分離成外部檔案的作法，因為它可以讓源碼庫（codebase）更有條理，近來開發人員認為內聯腳本是較差的作法，因此禁止使用內聯 JavaScript 會讓開發團隊養成良好的習慣。

然而，內聯腳本在較舊網站還是很常見，要重構模板以移除所有內聯 JavaScript 標籤可能需要一段不短的時間，為了幫助重構作業，可考慮使用內容安全策略違規報告，將「report-uri」指示詞加到 CSP 標頭，如清單 7-6 所示，瀏覽器會回報任何違反原則的行為，但不會阻止 JavaScript 執行。

```
Content-Security-Policy-Report-Only: script-src 'self'; report-uri https://example.
com/csr-reports
```

清單 7-6：內容安全策略透過 report-uri 指示瀏覽器向 https://example.com/csr-reports 回報任何內容安全違規行為

在日誌檔中收集這些違規報告，開發團隊就能夠查看所有需要改寫的網頁，以符合內容安全原則的要求。

除了轉義 HTML 控制字元外，還應該設定 CSP，它能夠有效地保護使用者！駭客就不容易找到可攻擊的網頁，也難以將惡意腳本滲透到白名單裡的網域中。如同第 6 章所說明的，筆者呼籲應對同一漏洞部署縱深防禦，這才是本書的目標。

反射型 XSS

在資料庫插入惡意 JavaScript 並非唯一的 XSS 攻擊向量，如果網站接受 HTTP 請求的部分內容，又讓渲染中的網頁顯示這些內容，則網頁就需要防範藉由 HTTP 請求注入的惡意 JavaScript，這種攻擊稱為*反射型 XSS*。

許多網站都是以 HTML 形式呈現 HTTP 請求的部分資料，例如在 Google 搜尋網頁尋找「cats」，Google 會將待尋找的文字作為 HTTP 的一部分而建構 URL「*https://www.google.com/search?q=cats*」，被尋找的「cats」文字會顯示在搜尋結果上方的搜尋框裡。

如果 Google 是一家不太注重安全的公司，就可以用惡意 JavaScript 來替換 URL 裡的「*cats*」搜尋文字，只要有人從瀏覽器開啟該 URL，便能觸發惡意 JavaScript。駭客可透過電子郵件以鏈結（link）形式將 URL 寄送給受害者，或插入評論中，誘騙受害者點擊該 URL。反射型 XSS 的本質就是利用 HTML 請求發送惡意程式碼，而伺服器直接將它的內容反射給瀏覽器。

幸好 Google 僱用許多安全專家，想要在搜尋結果中插入 `<script>` 標籤，伺服器可不會買帳。過去曾有駭客在 Google Apps 管理界面「*https://admin.google.com*」找到反射型 XSS 漏洞，顯然，就算大公司也會出包，若想要確保使用者的安全，就必須防禦此類攻擊向量。

防範措施：轉義 HTTP 請求裡的動態內容

可以使用防範儲存型 XSS 的方法來阻止反射型 XSS 的攻擊，將插入 HTML 頁面的動態內容之控制字元進行轉義處理。無論動態內容是來自後端資料庫，還是 HTTP 請求，同樣的轉義處理皆能抑制大多數 XSS 攻擊。

模板語言通常會對插入變數的內容進行轉義，無論來自資料庫或 HTTP 請求，然而，開發團隊在審查程式碼時，仍須注意藉由 HTTP 請求注入 JavaScript 的風險。進行程式碼審查時，開發人員常因太專心尋找儲存型 XSS 漏洞，而忽略反射型 XSS 漏洞。

網頁的搜尋功能和錯誤提示通常會回顯使用者輸入的部分字串，這些區域是反射型 XSS 攻擊的常見目標，應該要確認開發團隊瞭解這些風險，並知道在審查程式碼時如何找出漏洞。雖然注入資料庫的惡意 JavaScript 可以一遍又一遍地攻擊使用者，影響層面比較大，但反射型 XSS 攻擊容易實作，反而更為常見。

最後，再來看看另一種類型的 XSS 攻擊。

DOM 型 XSS

透過源碼審查及提升伺服器端程式的防護能力，可以防範多數的 XSS 攻擊，但是隨著多功能用戶端程式框架的流行，也帶來了 *DOM 型 XSS* 漏洞，讓駭客能夠利用 *URI* 片段（圖 7-3 最右一段）將惡意 JavaScript 偷渡到用戶端的網頁中。

想瞭解這些攻擊，首先需要知道 URI 片段的運作方式。URL 是瀏覽器的網址列所顯示的位址，首先來看看它的組成，典型的 URL 類似於圖 7-3。

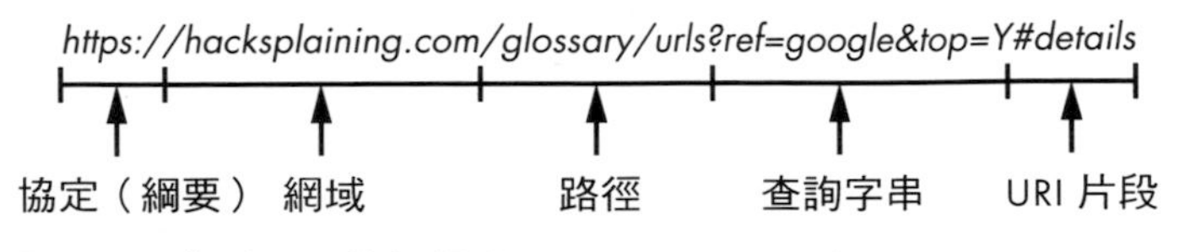

圖 7-3：典型 URL 的各部分

URI 片段是指 URL 在井號（#）後面的選用部分，瀏覽器利用 URI 片段跳轉到同網頁的不同位置，如果網頁的某個 HTML 標籤具有與 URI 片段相符的「`id`」屬性，瀏覽器開啟此 URL 時，會將畫面捲動到該標籤處。例如在瀏覽器載入「*https://en.wikipedia.org/wiki/Cat#Grooming*」，在開啟 wiki 關於貓的網頁後，隨之捲動到該網頁的「Grooming」區段，這是因為在 `<h3>` 標籤擁有類似清單 7-7 的屬性。

```
<h3 id="Grooming">Grooming</h3>
```

清單 7-7：與 URI 片段 #Grooming 對應的 HTML 標籤

借助這種瀏覽器內建行為，Wikipedia 讓使用者可以直接鏈結到網頁的各區段，有助於讀者解決和室友對喵喵美容的爭論。

單頁應用程式（*SPA*）也經常使用 URI 片段，方便記錄及重新載入網頁狀態，這種類型的應用程式會使用 JavaScript 框架（如 Angular、Vue.js 或 React）編寫，其實是一種重度使用 JavaScript 的網頁，目的是為了避免瀏覽器重新載入及渲染網頁時出現閃爍。

在同一個 URL 裡容納所有網頁功能，是避免網頁渲染閃爍的方法之一，因為變更瀏覽器網址列的 URL 是造成網頁重新載入的最大原因。使用者若不修改 URL 便刷新畫面，瀏覽器會將網頁重設為初始狀態，使用者之前提供的所有資料就會遺失。

許多 SPA 利用 URI 片段來保持瀏覽器刷新時的狀態，克服網頁刷新重置的問題，讀者應該看過網頁圖片區可使用滑鼠滾輪無限制動態載入圖片，便是一種 SPA 應用，依照使用者滾動的長短來決定 URI 片段更新，即使瀏覽器畫面刷新，JavaScript 程式也可以理解 URI 片段的內容，在網頁刷新時載入對應代號的圖片。

根據設計方式，瀏覽器渲染網頁時不會將 URI 片段送給伺服器，當瀏覽器收到帶有 URI 片段的 URL 時，會將 URI 片段從 URL 抽離，再將抽離後的 URL 送往 Web 伺服器。在網頁執行的 JavaScript 都可以讀取 URI 片段，而瀏覽器會將完整的 URL 寫入歷程紀錄或書籤（若使用者將它加入書籤）。

也就是說，伺服器端程式無法掌控 URI 片段，因此無法化解 DOM 型 XSS 攻擊，解釋和應用 URI 片段的用戶端 JavaScript 需要特別注意這些片段內容，如果未對片段內容進行轉義，而直接寫入該網頁的 DOM 中，駭客便可利用此通道植入惡意 JavaScript，駭客利用特製的 URL，讓 URI 片段攜帶惡意 JavaScript，再引誘使用者存取該 URL 以發起攻擊。

DOM 型 XSS 是較新式的攻擊手法，完全發生在用戶端的程式碼注入，無法藉由 Web 伺服器日誌來偵測攻擊，使它更具危險性！只能依靠審查程式碼時，更費心及費時找出該漏洞，以及化解這項攻擊。

防範措施：轉義 URI 的參數內容

在瀏覽器執行的任何 JavaScript，只要會利用 URI 片段來建構 HTML，都易受 DOM 型 XSS 攻擊，因此，需要特別小心，從 URI 片段取得的資料，必須先轉義後才能植入用戶端的 HTML，就像伺服器端利用動態資料編製 HTML 一樣。

近代的 JavaScript 框架開發者也意識到 URI 片段帶來的風險，並不鼓勵在程式中編製原始 HTML 碼，例如 React 框架要求開發人員呼叫 `dangerouslySetInnerHTML` 函式來輸出未轉義的 HTML，如清單 7-8 所示。

```
function writeSomeHTML () {
  return {__html: 'First &middot; Second'};
}
function MyComponent() {
  return <div dangerouslySetInnerHTML={writeSomeHTML()} />;
}
```

清單 7-8：在 React 框架使用有危險性的原始 HTML

如果用戶端的 JavaScript 程式碼很複雜，可考慮改用近代的 JavaScript 框架，它會讓源碼庫更易管理，對安全的考量也比較周到，當然，也與往常一樣，請確保設定適當的內容安全原則。

小結

本章介紹幾種 XSS 攻擊，駭客能夠利用這類漏洞，在使用者瀏覽網頁時將 JavaScript 注入網站的頁面，惡意注入的 JavaScript 通常來自資料庫、HTTP 請求或 URI 片段裡的動態內容，只要對動態內容裡的 HTML 控制字元做轉義處理，並設定防止執行內聯 JavaScript 的 CSP，就能大幅化解 XSS 攻擊。

下一章將探討駭客攻擊網站使用者的另一種手段：跨站請求偽造。

CROSS-SITE REQUEST FORGERY ATTACKS

8

跨站請求偽造攻擊

剖析 CSRF 攻擊

防範措施 1 ：遵循 REST 原則

防範措施 2 ：實作防 CSRF Cookie

防範措施 3 ：使用 SameSite Cookie 屬性

額外防範：對於敏感作業應要求重新驗證身分

小結

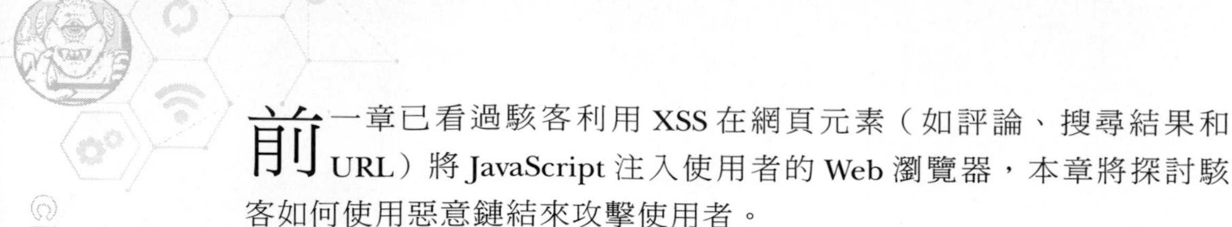

前一章已看過駭客利用 XSS 在網頁元素（如評論、搜尋結果和 URL）將 JavaScript 注入使用者的 Web 瀏覽器，本章將探討駭客如何使用惡意鏈結來攻擊使用者。

網站不可能是一座孤島，由於讀者的網站具有公開的 URL，其他網站也會與你的網站相連，作為網站擁有者，你應該鼓勵這種行為，愈多其他網站連到你的網站，表示你擁有更多流量和更佳的搜尋引擎排名。

但並非每個連接你網站的人都是善良意圖，駭客能夠引誘使用者點擊惡意鏈結，進而引起不良或意外的副作用，就稱為跨站請求偽造（*CSRF* 或 *XSRF*），有人將 CSRF 念成「sea-surf」。

CSRF 是許多大型網站一再出現的漏洞，已引起世人關注，曾經有駭客利用 CSRF 竊取 Gmail 聯絡人名單、在 Amazon 觸發一鍵式購買，以及竄改路由器設定，本章將探討 CSRF 攻擊的原理，並介紹一些防範措施。

剖析 CSRF 攻擊

駭客一般是利用可變更 Web 伺服器狀態的 GET 請求，對網站來發起 CSRF 攻擊，當受害者點擊鏈結時會觸發 GET 請求，駭客就能夠編製能誤導使用者的鏈結，讓使用者對目標網站做出非預期的操作。HTTP 請求中只有 GET 請求能夠在 URL 攜帶完整的請求內容，因此，特別容易受到 CSRF 攻擊。

早期版本的 Twitter 使用 GET 請求建立推文，不像現在使用 POST 請求，這種疏忽讓 Twitter 易受 CSRF 攻擊，駭客因此建立惡意鏈結，當這些鏈結被點擊後，會在使用者的時間軸發表推文。清單 8-1 是其中一種惡意鏈結。

```
https://twitter.com/share/update?status=in%20ur%20twitter%20CSRF-ing%20ur%20tweets
```

清單 8-1：一條可以發表「in ur twitter CSRF-ing ur tweets」推文的鏈結，被點擊時，會將推文發表在受害者的時間軸

一位精明的駭客利用此漏洞在 Twitter 建立病毒蠕蟲，因為用一行 GET 請求就能發表推文，他便建構一條惡意鏈結，當點擊該鏈結時，便發布帶有相同惡意鏈結的猥褻推文，當閱讀此推文的使用者去點擊前一位受害者發布的推文裡之鏈結時，也被騙在自己的時間軸發表相同內容的推文。

駭客只要引誘少數受害者去點擊惡意鏈結，受害者便在時間軸發表意想不到的推文，隨著越來越多使用者閱讀推文，並基於好奇而點擊內嵌的鏈結，他們也發布了同一條推文，很快地，成千上萬的 Twitter 使用者被騙，表達想要調戲山羊（最初推文的內容），這就是第一支 Twitter 蠕蟲，Twitter 開發團隊在事件失控之前便快馬加鞭修補安全漏洞。

防範措施 1：遵循 REST 原則

要保護使用者免受 CSRF 攻擊，請確保 GET 請求不會變更伺服器的狀態，網站應只使用 GET 請求來「讀取」網頁或其他資源。若要變更網站狀態，例如登入、註銷使用者、重設密碼、發表文章或關閉帳戶，只能藉由 PUT、POST 或 DELETE 請求來執行。這種設計哲學稱為表現層狀態轉換（*REST*），除了防範 CSRF 外，還有其他許多優點。

REST 代表開發人員應根據意圖，將網站操作對應到適當的 HTTP 方法，使用 GET 請求讀取資料或網頁；使用 PUT 請求在伺服器建立新物件（如文章、訊息或上載檔案）；使用 POST 請求修改伺服器上的物件；使用 DELETE 請求刪除物件。

並非所有操作都有明顯對應的 HTTP 方法，例如，使用者登入網站，到底是屬於「建立」新 Session，還是「修改」狀態，一直沒有定論，就防範 CSRF 攻擊而言，關鍵是要避免由 GET 請求變更伺服器狀態。

但在防範措施 2 會看到的，防範 GET 請求並不表示其他類型的請求就沒有漏洞。

防範措施 2 ：實作防 CSRF Cookie

解除 GET 請求變更伺服器狀態的能力，可以抵禦多數 CSRF 攻擊，但也需要防範利用其他 HTTP 的請求方法，雖然，比起 GET 請求，駭客很少使用其他請求方法發起 CSRF 攻擊，因為手續過於繁瑣，但如果能有不錯收益，駭客還是會願意嘗試。

例如，引誘受害者從受駭客控制的網站提交惡意資料表單或腳本，向我們的網頁發出 POST 請求。若網站會回應此類 POST 請求並執行敏感操作，就需要藉由防 CSRF Cookie 防範來自網站外部的請求，只允許從自家網站的登入表單和 JavaScript 觸發敏感操作，而不回應駭客引誘使用者所提交的惡意頁面。

防 *CSRF Cookie* 是 Web 伺服器寫在 Cookie 參數的隨機字串。回想一下，Cookie 是 HTTP 標頭中在瀏覽器和 Web 伺服器之間來回傳遞的一小段文字，如果 Web 伺服器回傳的 HTTP 回應包含「Set-Cookie: _xsrf=5978e29d4ef434a1」標頭，則瀏覽器在下一回的 HTTP 請求，會以「Cookie: _xsrf=5978e29d4ef434a1」形式送回相同的資訊。

安全的網站會使用防 CSRF Cookie 驗證 POST 請求是否來自同一 Web 網域上的網頁，在此網站上的 HTML 表單裡，以「<input type="hidden" name="_xsrf" value="5978e29d4ef434a1">」元素記錄相同的隨機字串，以便經由 POST 請求傳送給 Web 伺服器，若使用者提交給伺服器的表單，其 Cookie 的 _xsrf 值與表單 _xsrf 欄位的值不一致時，伺服器應斷然拒絕該請求，如此一來，伺服器就能驗證及確保請求是來自網站內部，而非惡意的第三方網站，因為只有相同網域載入網頁時，瀏覽器才會發送所需的 Cookie。

現在的 Web 伺服器都支援防 CSRF Cookie，由於不同 Web 伺服器之間的語法略有差異，請查閱 Web 伺服器的安全文件，確保瞭解如何實作這些 Cookie。清單 8-2 是 Tornado Web 伺服器的模板檔案，裡頭包含防 CSRF 的保護符記（token）。

```
<form action="/new_message" method="post">
❶ {% module xsrf_form_html() %}
  <input type="text" name="message"/>
  <input type="submit" value="Post"/>
</form>
```

清單 8-2：包含防 CSRF 符記的 Tornado Web 伺服器之模板檔

此範例中，「`xsrf_form_html()` 函式」❶ 會隨機產生符記內容，並以 HTML 形式輸出成類似「`<input type="hidden" name="_xsrf" value="5978e29d4ef434a1">`」，同時以「Set-Cookie: _xsrf=5978e29d4ef434a1」將此符記寫到 HTTP 回應的標頭。當使用者提交此表單，Web 伺服器會檢驗來自表單及 Cookie 標頭的符記內容是否一致，瀏覽器安全模型會根據同源政策回傳 Cookie，因此，Cookie 的值只能由 Web 伺服器設定，如此，伺服器便能確認 POST 請求是否來自相同網域。

對於 JavaScript 發出的 HTTP 請求，也應該利用防 CSRF Cookie 來驗證，它也能保護 PUT 和 DELETE 請求。JavaScript 需要從 HTML 取得防 CSRF 符記，並在 HTTP 請求裡將此符記回送給伺服器。

實作防 CSRF Cookie 的網站應該會更加安全，現在要封鎖最後一個漏洞，確保駭客無法竊取防 CSRF 符記，以防駭客將它嵌入惡意程式碼。

防範措施 3：使用 SameSite Cookie 屬性

最後一種防範 CSRF 攻擊的方法是在 Set-Cookie 中加入「SameSite」屬性。預設情況下，不論是誰發起請求，瀏覽器向網站產生請求時，都會在請求標頭裡加入此網站最近一次設定的 Cookie，因此，惡意 CSRF 會與網站之前設定的安全 Cookie 一起到達 Web 伺服器，若駭客能從 HTML 表單竊取安全符記，並置入他建立的惡意表單，依然能夠發動有效的 CSRF 攻擊，所以 Cookie 本身難以完全抵禦 CSRF 攻擊。

在設定 Cookie 時指定 SameSite 屬性，當由外部網域（如駭客設置的惡意網站）發動請求時，瀏覽器就知道要從請求移除 Cookie，如清單 8-3，在設定 Cookie 時加入「SameSite=Strict」，可確保僅由相同網域發出請求時，瀏覽器才會一併回傳 Cookie。

```
Set-Cookie: _xsrf=5978e29d4ef434a1; SameSite=Strict;
```

清單 8-3：在防 CSRF Cookie 設定 SameSite 屬性，確保此 Cookie 僅附加到同網域的請求

最好在所有 Cookie 都設定 SameSite 屬性，而不只是防禦 CSRF 攻擊的 Cookie，但要注意，如果使用 Cookie 來管理 session，在 session Cookie 設定 SameSite 屬性，當從外部網域鏈結到你的網站時，session Cookie 都會從請求中移除，亦即，任何對你的網站之入站鏈結都會強迫使用者重新登入。

對於已經登入網站並建立 session 的使用者來說，這種行為會造成很大不便，想像一下，若有人每次分享影片時都必須重新登入 Facebook，會令人崩潰吧！為避免這種情況，清單 8-4 提供一個更實用的 SameSite 屬性值「Lax」，它允許來自其他網站的 GET 請求一併發送 Cookie。

```
Set-Cookie: session_id=82938d911e13f3; SameSite=Lax;
```

清單 8-4：在 HTTP Cookie 設定允許 GET 請求發送 Cookie 的 SameSite 屬性值

這樣就能讓其他網站無縫地鏈結到你的網站，又能限制駭客的惡意操作（如 POST 請求）能力，就算你網站的 GET 請求對 CSRF 不起作用，這種設定也一樣有安全效果。

額外防範：對於敏感作業應要求重新驗證身分

讀者可能注意到某些網站在執行敏感操作（如更改密碼或啟動付款）時，會強迫使用者再次確認登入資訊，也就是重新驗證身分（*reauthentication*），這是防禦 CSRF 攻擊的常用方法，可以明確提示使用者即將執行重要操作。

如果使用者利用共用設備登入系統，在離身時忘了登出，或者已登入系統的電腦被偷了，則重新驗證身分還能發揮主動保護使用者的功用。若網站負責處理金融交易或機密資料，建議啟用重新驗證身分機制，強迫使用者在執行敏感操作時重新提交身分憑據。

小結

駭客能夠利用第三方網站的請求，誘騙使用者對你的網站執行非預期操作，要防止這種跨站請求偽造攻擊，可從三方面下手。

1. 確保 GET 請求除了讀取權限外，沒有多餘的功用，當使用者點擊惡意鏈結時不會改變伺服器的狀態。

2. 啟用防 CSRF Cookie 應付其他類型的跨站請求偽造攻擊。

3. 設定 Set-Cookie 標頭的 SameSite 屬性，當從其他網站發出請求時，讓瀏覽器協助移除 Cookie。

對於網站的敏感操作，最好強制使用者在執行這些操作時要通過重新驗證身分，不僅為 CSRF 攻擊增加一層防護，當使用者不慎遺失已登入的設備，或在共用電腦登入而未登出就離身時，重新驗證身分也可適時提供保護。

下一章將介紹駭客攻擊身分驗證機制的手段。

COMPROMISING AUTHENTICATION

9 攻擊身分驗證機制

實作身分驗證功能

防範措施 1 ：使用第三方身分驗證機制

防範措施 2 ：與單一登入整合

防範措施 3 ：保護自己的身分驗證系統

小結

多數網站都有某種帳戶登入功能，當使用者再度瀏覽網站時負責身分驗證（*Authentication*），確認他們在線上社群所擁有的身分，通過身分驗證的使用者才能發表訊息、貢獻心得或進行購物等行為。

現今的網際網路，使用者能夠輕易透過帳號和密碼在網站註冊帳戶，下次再回到該網站時，便能使用這組帳號和密碼重新登入。由於瀏覽器和插件可協助暫存或選擇密碼，而且到處都有第三方身分驗證服務，讓身分驗證機制更加普及。

但這樣做有一個壞處，它會引誘駭客嘗試取得使用者帳戶的存取權限，面對網際網路時代，駭客想要在暗網販售所取得的身分憑證、劫持社交媒體帳戶以散播點擊誘餌（clickbait）及從事金融詐騙，簡直輕而易舉。

本章將探討駭客利用登入和身分驗證程序，非法取得使用者帳戶的一些手段，下一章則介紹使用者登入並建立連線後，可能面臨的漏洞。首先，要瞭解網站實作身分驗證機制的常見方法，並研究駭客如何利用暴力攻擊來破解這些機制；接著，學習利用第三方身分驗證、單一登入（SSO）及藉由鞏固自己的身分驗證系統，保護使用者免受這些攻擊。

實作身分驗證功能

HTTP 本身也有身分驗證機制，為了要求（challenge）使用者提供帳密，Web 伺服器以 HTTP 回應 401 狀態碼，並加入指示身分驗證方式的「WWW-Authenticate」標頭，常見的驗證方式有：基本驗證和摘要驗證。為了滿足此要求，瀏覽代理（如瀏覽器）需要向使用者索取帳號和密碼，因而啟動登入功能。

對於基本驗證（*basic*），瀏覽器會將使用者提供的帳號和密碼以冒號（:）串接，字串格式為「*帳號:密碼*」，接著以 Base64 編碼此字串，然後透過 HTTP 請求的「Authorization」標頭，將編碼後的字串送交伺服器驗證。

摘要驗證（*digest*）稍為複雜，它要求瀏覽器產生由帳號、密碼和 URL 所組成的內容之雜湊值（hash）。雜湊值是單向加密演算法的輸出，方便為某一組輸入資料產生唯一的「數位指紋」，如果只有此演算法的輸出，很難猜出原來的輸入值，本章稍後討論如何安全儲存密碼時，會對雜湊加密演算法做進一步介紹。

HTTP 的原生身分驗證

即使 HTTP 內建身分驗證機制，但基於可用性考量，有名的網站卻很少使用基本驗證或摘要驗證，對於原生的 HTTP 身分驗證機制，瀏覽器提供的使用者登入界面並不美觀，如圖 9-1 所示，看起來很像 JavaScript 彈出的警告對話框，它會佔用瀏覽器操作的優先權，讓使用者暫時無法瀏覽。

由於瀏覽器是在網站的 HTML 碼之外實作身分驗證提示，很難修飾原生的身分驗證提示外觀以符合網站需求，而且原生的身分驗證對話框並非屬於網頁的一部分，瀏覽器亦無法協助使用者自動填入（autocomplete）憑據，再者，當使用者忘記密碼時，HTTP 身分驗證無法支援密碼重設，網站擁有者必須在登入提示之外，另行實作密碼重設功能，這會混淆使用者體驗。

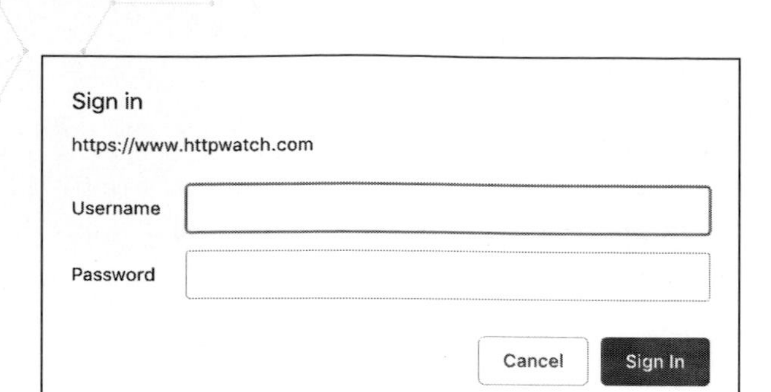

圖 9-1：Google Chrome 提供的原生登入界面會中斷瀏覽器操作

非 HTTP 原生的身分驗證

由於 HTTP 原生身分驗證的不友善設計，大概只有與使用者體驗無關的應用程式會使用，近代網站大多另以 HTML 格式（清單 9-1）實作自己的登入表單。

```
<form action="/login" method="post">
❶ <input type="email" name="username" placeholder="Type your email">
❷ <input type="password" name="password" placeholder="Type your password">
  <input type="submit" name="login" value="Log in">
</form>
```

清單 9-1：典型的 HTML 登入表單

典型的登入表單包含使用者輸入帳號的「<input type="text">」元素 ❶ 和輸入密碼時會顯示「•」以遮隱密碼字元的「<input type="password">」元素，使用者輸入的帳號和密碼，在提交（submit）表單時以 POST 請求送給伺服器，若因無法驗證使用者身分而導致登入失敗，伺服器則以 HTTP 回應 401 狀態碼；若登入成功，伺服器會將使用者重導至主要作業頁面。

暴力破解

駭客常以猜測帳號及密碼方式，透過身分驗證機制入侵網站，駭客入侵的電影情節，常表現出駭客對使用者深入觀察而快速猜出其密碼，對於具有極高價值的目標，或許會像電影所演的那般，但更多駭客是利用暴力破解，以工具對登入頁面進行成千上萬的密碼嘗試，最後取得進入網站的身分憑據。由於先前發生的資料外洩事件，網路上已流傳數百萬筆常見密碼，包括清單 9-2 的弱密碼，因此，駭客能夠決定密碼嘗試的順序。

```
1. 123456
2. password
3. 12345678
4. qwerty
5. 12345
6. 123456789
7. letmein
8. 1234567
9. football
10. iloveyou
```

清單 9-2：資安研究人員每年都會發布最常用的密碼清單，歷年變化都不大（此清單由網際網路安全公司 SplashData 提供。）

針對這種類型的威脅，來看看有哪些方法可以保護我們的身分驗證機制。

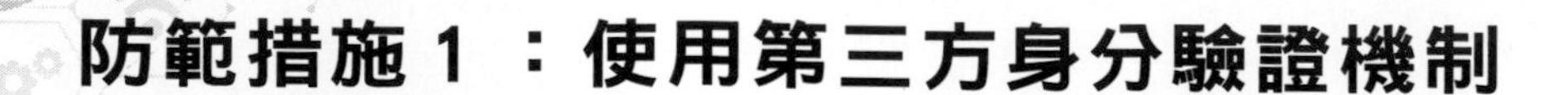

防範措施 1：使用第三方身分驗證機制

自己開發的身分驗證系統常常考慮不周延，最安全的作法是使用第三方服務，與其自己開發，不如考慮使用 Facebook 登入之類的第三方服務，讓使用者以他的社交平台之身分憑據在你的網站進行身分驗證，既可提供使用者便利服務，又能減輕網站擁有者保存帳密的負擔。

其他大型科技公司也提供類似的身分驗證服務，多數服務是以開放式身分驗證（*OAuth*）或 *OpenID* 標準為基礎，它們是將身分驗證服務委託第三方處理的常見協定，這些身分驗證系統也可以混搭使用，可以選擇一項或多項符合基礎用戶目標的服務，功能整合程序並不會太複雜。若網站也要提供電子郵件服務，可以選擇和 Google OAuth 整合，要求使用者使用 Gmail 帳戶；若要提供技術服務，可考慮使用 GitHub OAuth，也可以選用 Twitter、Microsoft、LinkedIn、Reddit、Tumblr 及其他數百家廠商提供的身分驗證服務。

防範措施 2：與單一登入整合

若是與 OAuth 或 OpenID 的身分供應商整合，你的用戶通常以個人電子郵件位址作為帳號，如果網站的目標用戶是企業內部使用者，請考慮與 Okta、OneLogin 或 Centrify 之類的單一登入（*SSO*）系統整合，讓整個企業的系統能集中處理身分驗證，讓員工以企業的電子郵件位址無縫地登入第三方應用程式，公司管理員保有員工可以存取哪些網站的最終控制權，而使用者的身分憑據也能安全地儲存在公司的伺服器上。

要和單一登入系統整合，通常會使用安全認定標記語言（*SAML*），雖然它比 OAuth 或 OpenID 標準更舊，且不太友善，但多數程式語言都具有成熟的 SAML 程式庫可供應用。

防範措施 3：保護自己的身分驗證系統

儘管第三方的身分驗證機制通常比自行開發的系統來得安全，但是只使用第三方系統可能會限制使用族群，畢竟不是每個人都擁有社交平台或 Gmail 帳戶，需要為其他族群建立註冊機制，讓他們能自行選擇帳號和密碼。亦即，網站要有頁面提供使用者註冊、登入和登出等服務，由開發人員撰寫程式碼來儲存和更新資料庫裡的身分憑據，並在使用者輸入憑據時檢查是否正確，或許還需要進一步提供使用者更改密碼的機制。

有很多功能需要實作！在開始撰寫程式碼之前，需擬定一些設計策略，為了能有一套安全的身分驗證系統，讓我們來看看哪些是需要正確處理的關鍵事項。

使用帳號和 / 或電子郵件位址

在註冊時，使用者需要選擇帳號和密碼，多數網站也會在註冊時要求使用者提交有效的電子郵件位址，以便忘記密碼或帳號時，可以發送提示或密碼重設郵件。

許多網站是以使用者的電子郵件位址作為帳號，依照需求，很多情況會要求每個帳號的電子郵件位址必須唯一，對於此種情況，另外設定帳號是多餘的。如果網站會公開使用者的帳號名稱，或者發表評論時會附上帳號，以便和其他人互動，這類網站會要求使用者選用可以公開顯示的名稱，此時，使用電子郵件位址作為可顯示名稱並不適宜，因為會引來騷擾和垃圾郵件。

驗證電子郵件位址

若打算從網站發送電子郵件（例如使用者要求重設密碼），就需要驗證使用者提交的電子郵件位址是否有效，且為活躍的郵件帳戶。網站產生的電子郵件稱為交易型郵件，因為網站是根據使用者的動作才發送的，將交易型電子郵件發到未經驗證的位址，電子郵件服務商很快就會將他列入黑名單，因為服務商對發送垃圾郵件的來源有很高的警覺性。

首先，要驗證使用者提供的電子郵件位址之格式是否有效，亦即，郵件位址只能包含有效字元：字母、數字或特殊符號（!#$%&'*+-/=?^_`{|}~;.）。

該位址必須包含一個「@」符號，且右側是有效的網域名稱，通常（但非絕對）該網域會對應到一個網站，例如「*@gmail.com*」會和「*www.gmail.com*」關聯，就算沒有對應到網站，至少第 2 章介紹的 DNS 必須包含該網域的郵件交換（MX）紀錄，以便告訴軟體要將電子郵件繞送到哪一部郵件伺服器，可以藉由 MX 紀錄來驗證電子郵件位址（清單 9-3）。

```
import dns.resolver
def email_domain_is_valid(domain):
  for _ in dns.resolver.query(domain, 'MX'):
    return True
  return False
```

清單 9-3：使用 Python 的 dnsresolver 程式庫驗證網域是否具備接收電子郵件能力

然而，要 100% 驗證郵件位址是否能正常工作，唯一可靠的方法就是發一封郵件，並檢查對方是否已收到，換句話，就是發送一封電子郵件給使用者，該郵件包含一條能連回網站的電子郵件驗證程式之 URL，由 URL 攜帶一組隨機產生的驗證符記（*token*），並將該符記與欲驗證的電子郵件位址儲存於資料庫中，當使用者點擊驗證 URL，伺服器就可以檢查驗證符記是否為你發送的，並確認使用者確實有權存取該電子郵件帳戶。

許多網站在完成帳戶註冊之前，會強制使用者先驗證其電子郵件，有些網站則允許使用者在未驗證狀態下，可以有限度地使用網站功能，以減少繁瑣的註冊過程。未完成電子郵件驗證之前，切勿假定使用者已有權使用該電子郵件帳戶，亦不可發送任何交易型電子郵件，或將此使用者加入訂閱清單！

禁止使用拋棄式電子郵件帳戶

有些使用者不願意以平常使用的電子郵件位址進行註冊，而改用 10 分鐘郵件、Mailinator 或圖 9-2 所示的服務，產生網站註冊所需之臨時電子郵件帳戶，這類服務會產生一組拋棄式的郵件帳戶，在拋棄前，適合用來接收少量訊息，使用者若利用這種服務，表示他們對於加入郵件清單有所顧慮（擔心受到電子郵件推銷人員的騷擾）。

有時可能需要禁止使用者利用拋棄式電子郵件位址來註冊帳號，例如，有人會利用臨時帳戶騷擾其他使用者，若是這樣，註冊帳戶過程中，可利用黑名單來檢查及拒絕拋棄式電子郵件網域。

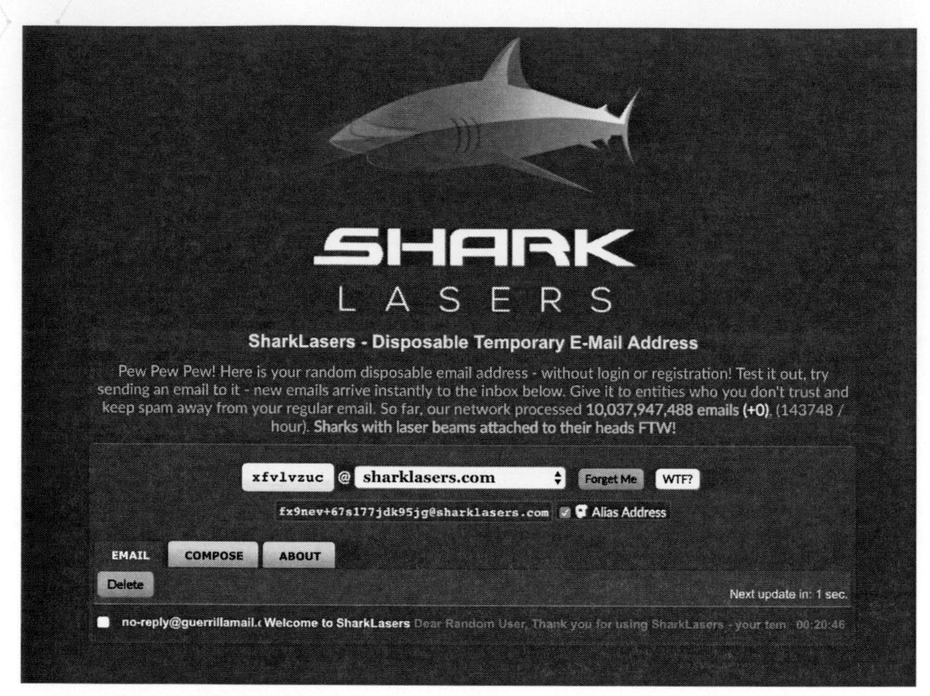

圖 9-2：需要一個臨時電子郵件位址？請找 https://www.sharklasers.com/

安全地重置密碼

要求每位使用者提供經過驗證的電子郵件位址，當使用者忘記密碼（無可避免）時便能派上用場，透過發送含有重設密碼的 URL 之電子郵件，並由 URL 攜帶一組新的驗證符記，當健忘的使用者開啟電子郵件並點擊 URL，伺服器驗證回傳的符記無誤，就可以開啟密碼設定頁面，讓使用者設定新密碼。

重設密碼的 URL 之有效期限應該要很短暫，而且，使用者一旦點擊此 URL，驗證符記就該立即失效，依照經驗法則，可以將驗證符記的有效期設為 30 分鐘，防止駭客濫用閒置的密碼重設 URL。若駭客入侵使用者的電子郵箱，就算找到含有密碼重設 URL 的電子郵件，也不能讓他透過這些 URL 取得受害者在網站的存取權。

要求密碼複雜度

密碼愈複雜就愈難被猜中，為了維護自身權益，應要求使用者在設定密碼時，須符合複雜性標準，至少包括數字、特殊符號及大小字母。密碼長度愈長愈好，至少要有 8 字元，研究顯示，密碼的長度比混用特殊字元更重要。

然而，使用者一般難以記住複雜的密碼，若對密碼複雜性要求過高，使用者大概會在不同網站使用同一組密碼。有些安全要求較高的網站，會禁止使用者延用前幾次變更過的密碼，要求每次變更都要選擇一組新密碼，迫使他們擺脫懶散的習慣，但很不幸，上有政策、下有對策，使用者只在常用密碼的末尾作數字循環，這樣並不會增加猜測密碼的困難度。

歸根就底，每位使用者都應對自己的線上安全負責，最好是督促使用者選用高強度的密碼，而不是強迫使用者唯命是從。有些 JavaScript 程式庫（如 `password-strength-calculator`）可以評估使用者輸入的密碼之複雜度，及顯示常見密碼，在註冊和密碼重設時，能夠讓使用者知道如何選擇更安全的密碼。

安全地儲存密碼

使用者選定密碼後，需要將它和帳號以某種形式記錄在資料庫裡，以便使用者重新登入時進行驗證，請不要只是原封不動地儲存密碼（稱為明文密碼），它一點安全性也沒有，駭客若存取以明文形式儲存密碼的資料庫，就能入侵每位使用者帳戶，若使用者在其他網站也使用相同憑據，連這些網站也會一併淪陷！幸好有一種方法可以安全地儲存密碼，讓駭客無法直接從資料庫看到密碼，又能讓我們正確檢驗使用者輸入的密碼是否正確。

以雜湊保護密碼

將密碼儲存到資料庫前，應先經雜湊演算法處理，將輸入的純文字轉換為固定長度位元的字串，讓駭客難以逆向程序計算出原始密碼。儲存使用身分憑據時，則記錄此演算法的輸出（稱為雜湊值）及對應的帳號。

雜湊值演算法是一種單向函數，要從雜湊值取得原始輸入，唯一可行的方法，就是對可能的輸入逐一計算其雜湊值。以雜湊格式儲存使用者的密碼，當使用者重新輸入時，便對輸入的值重新計算其雜湊值，再比較新、舊雜湊值是否相同，藉此判定輸入的密碼之正確性。

有很多種雜湊演算法，各有不同的實作方式和優缺點，好的雜湊演算法應該能很快算出結果，但也不要太快，否則，隨著電腦運算能力提高，駭客就可能藉由枚舉所有可能輸入的暴力破解而取得密碼，就這一點考量，*bcrypt* 便是一個不錯的演算法，參考清單 9-4，它允許開發人員在雜湊函式添加額外的迭代，就算幾年之後，電腦的運算能力更加便宜，bcrypt 還能維持相當強度，不會太快被破解。

```
import bcrypt
password = "super secret password"

# 第一次進行雜湊運算時，加入隨機產生的鹽值
hashed = bcrypt.hashpw(password, bcrypt.gensalt(rounds=14❶))

# 檢查未經雜湊的密碼是否與之前計算的雜湊值相符
if bcrypt.checkpw(password, hashed):
    print("It matches!")
else:
    print("It does not match :(")
```

清單 9-4：利用 Python 的 bcrypt 演算法進行密碼雜湊，接著檢驗密碼是否相符

可以增加 ❶ 處的 `rounds` 參數之長度，讓密碼的雜湊值強度更高，儲存密碼雜湊值就會比儲存明文密碼更加安全，包括你在內，沒有任何人能直接從資料庫解出密碼，但 web 系統仍然可以正確判定使用者輸入的密碼是否正確，這樣就能夠減輕你的安全負擔，即使駭客入侵資料庫，面對雜湊密碼也無計可施。

為加雜湊加鹽粒

將密碼雜湊處理，可以提升網站的安全性，但使用者選擇的密碼常有規律性，駭客經常利用彩虹表對外洩的密碼雜湊進行逆向工程，彩虹表儲存常用密碼的雜湊值清單，只要使用者的密碼雜湊值與預先算好的雜湊清單相符，駭客就能得到原始密碼，就算彩虹表沒辦法比對出資料庫裡的所有密碼，也能找到足夠使用的筆數。

為了防範駭客利用彩虹表破解雜湊值，需要將密碼加鹽（*salt*）之後再計算雜湊值（加鹽處理），亦即，在雜湊演算時加入隨機產生的元素，而不是單單以輸入密碼做為雜湊運算的對象，鹽值可以保存在組態檔中，更佳作法是替每位使用者個別產生一份鹽值，並伴隨產生的雜湊值一起儲存，密碼經由加鹽處理，會讓彩虹表攻擊不易達成，因為駭客必須為每份鹽值重新計算彩虹表，它會耗掉許多預先計算的時間及儲存空間，這幾乎是不可能達成的任務。

使用多因子身分驗證

無論密碼多麼安全地儲存，以密碼為基礎的身分驗證就是會受到暴力破解的威脅，為了真正保護網站安全，請考慮引入多因子身分驗證（*MFA*）來增加安全性，MFA 要求使用者從下列三項因子中，至少提供兩項來證明自己的身分：知道的（they know）東西、擁有的（they have）東西及與生俱來的（they are）東西。銀行 ATM 就是多因子身分驗證的應用範例，它要求帳戶要有提款卡（擁有的）及知道密碼（知道的），另一種是使用生物辨識技術來證明身分，例如智慧手機的指紋掃描（與生俱來的）。

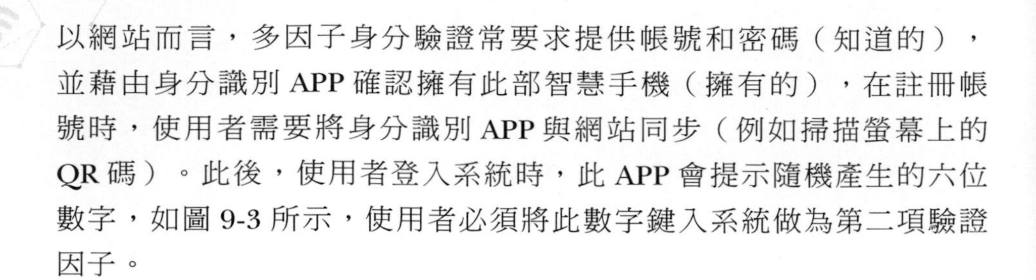

以網站而言，多因子身分驗證常要求提供帳號和密碼（知道的），並藉由身分識別 APP 確認擁有此部智慧手機（擁有的），在註冊帳號時，使用者需要將身分識別 APP 與網站同步（例如掃描螢幕上的 QR 碼）。此後，使用者登入系統時，此 APP 會提示隨機產生的六位數字，如圖 9-3 所示，使用者必須將此數字鍵入系統做為第二項驗證因子。

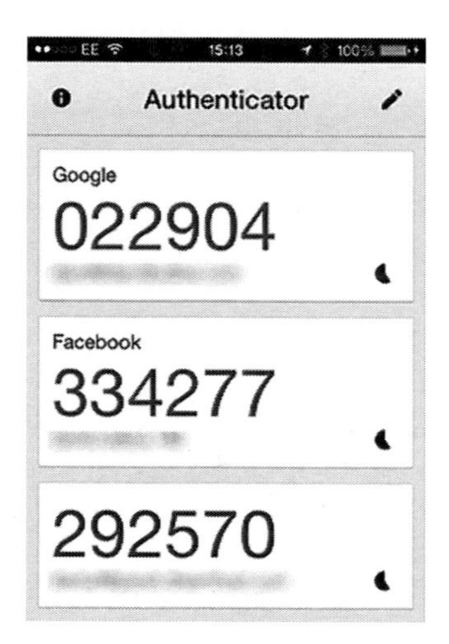

圖 9-3：使用者需輸入的六位數第二因子

駭客必須知道受害者的帳密及取得其智慧手機，才有辦法入侵他的帳戶，這是一項極高難度的任務。現在，幾乎人人都有智慧手機，要求使用多因子身分驗證已成為稀鬆平常的規範，如果網站有從事任何財務交易，絕對要實作多因子身分驗證機制，現在已有成熟的程式庫可用，要整合多因子驗證已不是什麼難事了！

實作安全的登出功能

如果是由網站本身驗證使用者身分，不要忘記提供他們登出系統的功能，對於經常使用社交平台的人，總是需要一直維持登入狀態，要求登出似乎不合時宜。但是從公用設備登入的使用者，登出功能是絕對必要的安全考量。很多家庭共用一台筆記型電腦或 iPad，公司也常將電腦和行動裝置移來移去，因此，一定要讓使用者有登出的選擇！

登出功能應該要清除瀏覽器裡的 session Cookie，如果伺服器端也保有 Session 紀錄，亦應將它清除，這樣可以防止駭客攔截 session Cookie，並嘗試使用偷來的 Cookie 重新建立連線，要清除 session Cookie 其實很簡單，只要伺服器在 HTTP 回應中加入「`Set-Cookie`」標頭，將裡頭的「session」參數之值留空即可。

防止枚舉使用者帳戶

如果駭客無法枚舉使用者帳號，就可以降低駭客破解身分驗證系統的風險，枚舉使用者帳號是指測試字典檔裡的帳號是否為網站的合法使用者，駭客常使用已洩漏的帳號嘗試登入目標網站，看看有哪些帳號是有用的，再對找到的帳號以暴力方式猜測它的密碼。

避免可能的枚舉漏洞

有些登入網頁會幫助駭客確認帳號是否存在，若網頁顯示的密碼錯誤訊息與無效帳號的錯誤訊息不一樣，駭客就能從回應的訊息判斷該帳號是否為此網站的使用者，要避免枚舉帳號，重點是要維持錯誤訊息的通用性，讓駭客無法從訊息判斷是哪一項資訊不對，例如，不論是密碼錯誤或帳號不存在，都同樣顯示「輸入的帳號或密碼不正確」。

駭客也可能利用 HTTP 回應的時間差來枚舉帳號，稱為時差攻擊法。計算密碼雜湊是一項耗時的操作，儘管運算過程不到一秒鐘，還是會有明顯的時間差，如果網站是在比對帳號正確之後才計算密碼雜湊值，駭客就可以從較慢回應的現象推斷哪些帳號是有效的，因此，不論帳號是否正確，都應該計算密碼雜湊。

也應慎防重設密碼功能洩漏帳號，若駭客點擊「忘記密碼」，並輸入電子郵件位址要求重設密碼，網頁的回應訊息可不要提示密碼重設郵件「有」「無」成功發送，防止駭客知悉該電子郵件位址是否綁定網站用戶，不論是否成功發送密碼重設的電子郵件，最好都使用一致訊息，例如「密碼重設的電子郵件已發送，請檢查你的電子郵箱」。

實作圖形驗證碼

利用圖形驗證碼（*CAPTCHA*；用來區分人類與電腦行為的圖靈測試）也能減輕帳號枚舉或密碼暴力破解的衝擊，CAPTCHA 要求 Web 使用者辨識一些人類可輕易完成，但電腦卻難以判斷的圖片，如圖 9-4 就是一種 CAPTCHA，它會讓一些自動化工具難以濫用網頁功能。

圖形驗證碼並非完美無瑕，透過複雜的機器學習技術，駭客還是可以擊敗圖形驗證碼，或者花錢僱用人工代替他們執行圖形識別任務，圖形驗證碼雖不完美，但足以抵擋多數攻擊，現在已有許多現成套件，能夠讓開發人員快速建立圖形驗證碼功能，例如，Google 的 reCAPTCHA 外掛工具，只要幾列程式碼就能整合到網站裡。

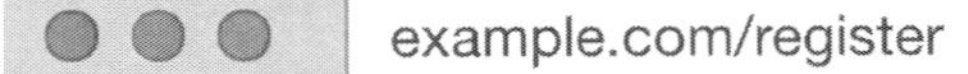

Prove you're not a robot

Pick the bird with the biggest guns!

圖 9-4：讓電腦難以達成的任務

小結

為取得網站存取權，駭客經常攻擊身分驗證系統，為了保護網站，可以使用第三方身分驗證系統（如 Facebook 的登入功能）或整合單一登入系統。

若自行開發身分驗證系統，必須要求使用者在註冊時提供帳號和密碼，並且驗證及儲存使用者提供的有效電子郵件位址，除非需要將帳號揭露給其他使用者，否則可以將電子郵件當作帳號使用。

要驗證電子郵件位址是否有效，唯一的可靠方法是發送一封郵件給這個位址，郵件攜帶一組含有臨時驗證符記的 URL，當使用者點擊該 URL 時，網站便能透過檢查臨時驗證符記而判斷電子郵件位址的有效性；使用者忘記密碼時的密碼重設機制也應以相同方式運作，重設密碼的電子郵件和啟用帳戶的驗證郵件裡的 URL，應該在超過有效期限或第一次請求後就失效。

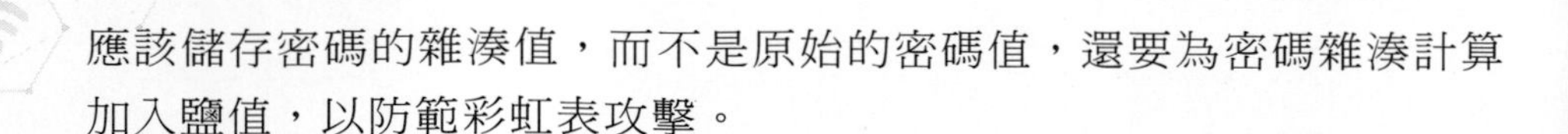

應該儲存密碼的雜湊值，而不是原始的密碼值，還要為密碼雜湊計算加入鹽值，以防範彩虹表攻擊。

如果網站會處理機敏資料，請考慮使用多因子身分驗證，並為使用者提供「登出」功能，對於登入驗證失敗，應使用統一的回應訊息，以防止駭客枚舉網站的有效帳號。

下一章將介紹駭客如何竊取已登入網站的使用者 session，進而假扮該使用者身分。

SESSION HIJACKING

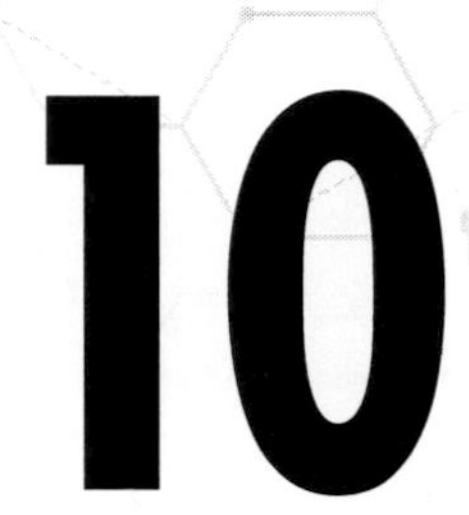

連線狀態劫持

Session 的運作方式

如何劫持連線狀態

小結

網站成功驗證使用者身分後，瀏覽器和伺服器便會建立連線狀態（*session*），session 是瀏覽器在發送一系列與使用者操作有關的 HTTP 請求之對話行為，Web 伺服器以經過驗證的使用者身分作為回應對象，使用者不必為了每個 HTTP 請求都要重新登入。

如果駭客可以取得或偽造瀏覽器發送的 session 資訊，就可以扮演網站的任何使用者身分，幸好，現今 Web 伺服器都已內建 session 安全管理機制，使得駭客幾乎無法操縱或偽造 session，然而，縱使伺服器的 session 管理功能沒有漏洞，駭客仍可能在對話活動過程中竊取他人的有效 session，稱為連線狀態劫持（*Session hijacking*）。

連線狀態劫持漏洞和前面討論的身分驗證漏洞一樣，能擁有網站使用者的存取權，而且風險程度比身分驗證漏洞更高，這個漏洞的確很誘人，駭客也找到許多劫持 session 的手段。

本章首先介紹網站的 session 管理方式，然後說明駭客劫持 session 的三種途徑：竊取 Cookie、session 定置及利用脆弱 sessionID。

Session 的運作方式

要瞭解駭客如何劫持 session，需先瞭解使用者和 Web 伺服器建立 session 的過程。

當使用者通過 HTTP 身分驗證，Web 伺服器會為他們配置一組識別身分用的 *session* 代號（*sessionID*）。sessionID 通常是一組極大的亂數，瀏覽器後續的每次 HTTP 請求都需要傳輸此資訊，伺服器方能持續與已驗證的使用者進行 HTTP 對話，Web 伺服器利用 HTTP 請求的 sessionID 來識別及對應使用者身分，並代表此身分執行相關動作。

請注意，sessionID 是伺服器暫時指定的值，和使用者帳號不一樣，如果瀏覽器隨便將 sessionID 當成使用者帳號，駭客就可能偽裝成任何一位使用者，在設計上，任何時間內對應到有效連線階段的 sessionID 應該只佔 sessionID 集合成員的極小部分，如果不是這樣，Web 伺服器將存在本章稍後討論的脆弱 session 問題。

除了帳號以外，Web 伺服器會依照 sessionID 另外儲存與此次對話有關的狀態，如使用者最近的活動情形、曾經瀏覽過的頁面或目前購物車裡的物件清單等。

瞭解使用者和 Web 伺服器建立 session 的過程，接著來看看網站如何實作 session 管理，一般會分成伺服器端和用戶端兩部分，檢視它們的運作方式，以便查看可能造成漏洞的位置。

伺服器端的 session 管理

傳統的 session 管理模型，Web 伺服器會將連線狀態保存在記憶體裡，而 Web 伺服器和瀏覽器對話期間都會雙向傳遞此連線狀態的 sessionID，這種模式稱為*伺服器端 session*，清單 10-1 是以 Ruby on Rails 實作伺服器端 session 管理的例子。

```
# 從記憶體快取找出對應的連線狀態
def find_session(env, sid)
  unless sid && (session = @cache.read(cache_key(sid))❸)
    sid, session = generate_sid❶, {}
  end
  [sid, session]
end

# 將連線狀態寫入記憶體快取
def write_session(env, sid, session, options)
  key = cache_key(sid)
  if session
 ❷ @cache.write(key, session, expires_in: options[:expire_after])
  else
    @cache.delete(key)
  end
  sid
end
```

清單 10-1：Ruby on Rails 利用 sessionID（sid）實作伺服器端的 session 管理

❶ 處會建立 session 物件，在 ❷ 處將連線狀態寫入伺服器的記憶體快取，❸ 處會從記憶體快取讀出已被保存的連線狀態。

在 HTTP 的演進過程中，Web 伺服器嘗試很多種傳送 sessionID 的方式：將它置於 URL、放在 HTTP 標頭或寫在 HTTP 請求本文中，到目前為止，Web 開發社群覺得最常見（也最可靠）的方式是使用 session Cookie 來交換 sessionID，Web 伺服器會在 HTTP 回應的 Set-Cookie 標頭送出 sessionID，瀏覽器再使用 Cookie 標頭將相同的資訊附加在 HTTP 請求裡。

自從 Netscape 在 1995 年首次提出這種作法以來，Cookie 就已成為 HTTP 的一部分，與 HTTP 原生的身分驗證機制不同，你看得到的網站幾乎都會用到 Cookie。基於歐盟法律規定，讀者一定注意到網站會提醒它正在使用 Cookie。

幾乎各種 web 伺服器都已實作 session 管理機制，而且有一定安全度，不過，因為連線狀態要儲存在記憶體裡，系統的延展性就會受到限制。亦即，只有一部 Web 伺服器知道已建立的 session，如果使用者的後續 HTTP 請求被導向另一部 Web 伺服器，新的伺服器必須要有能力識別這位使用者，因此，Web 伺服器之間需要一種共享 session 資訊的方法。

一般是要求將每回請求的連線狀態紀錄寫入共享的快取區域或資料庫裡，當有新的 HTTP 請求到達時，每部 Web 伺服器都能從共享區域讀取連線狀態。不論是寫入或讀取共享區域的連線狀態，都是耗時和耗資源的操作，會限制高流量網站之回應能力，每次有使用者連網站，都會對 session 儲存造成很大負擔。

用戶端的 session 管理

事實證明伺服器端的 session 管理方式很難擴展成大型網站，因此，開發人員想到藉由用戶端來管理 session，伺服器為了在用戶端實現 session 管理，Web 伺服器利用 Cookie 將所有 session 狀態傳遞給用戶端，而不是僅傳送 Set-Cookie 標頭裡的 sessionID，將 session 狀態設定到 HTTP 標頭之前，伺服器會先將它序列化（serialize）成為純文字形態，通常是編碼成 JSON 格式；從用戶端送回伺服器時再執行反序列化（deserialize）程序，清單 10-2 就是以 Ruby on Rails 實作用戶端 session 管理的範例。

```
def set_cookie(request, session_id, cookie)
  cookie_jar(request)[@key] = cookie
end

def get_cookie(req)
  cookie_jar(req)[@key]
end

def cookie_jar(request)
  request.cookie_jar.signed_or_encrypted
end
```

清單 10-2：將 session 資訊儲存為用戶端 Cookie 的 Ruby on Rails 程式碼

藉由用戶端的 session 管理，Web 伺服器就不必再額外實作狀態共享機制，只要藉由 HTTP 請求回傳的內容，每部 Web 伺服器都擁有重新連線所需的 session 內容，要將伺服器擴展成能同時服務成千上萬個連線時，就會發現這個機制的極大優點！

然而，用戶端 session 管理確實形成明顯的安全疑慮，依照最初的用戶端 session 管理作法，駭客可以輕易操縱或完全偽造 session Cookie 的內容，所以，Web 伺服器必須以一種能夠防止不當干預的方法來保護 session 狀態。

其中一種廣被使用的方法是先加密序列化後的 Cookie，再傳送給用戶端，當瀏覽器回傳 Cookie 後，Web 伺服器再將此 Cookie 解密，利用這種手法，用戶端就看不到 session 狀態的內容，任何企圖操縱或偽造 Cookie 的作法都會破壞 session 的完整性，導致 Cookie 內容無法被正確讀出，伺服器就能註銷惡意使用者，並重導向至錯誤網頁。

另一種保護 session Cookie 的輕便方法，是對 Cookie 進行數位簽章，數位簽章可以作為某些輸入資料（此處是序列化的 session 狀態）的獨特「指紋」，只要擁有產生簽章的原始金鑰，任何人都可以輕鬆地重新算出「指紋」，對 Cookie 進行數位簽章，只要 Web 伺服器算出不同的簽章值，就知道 session 狀態遭竄改，便能拒絕該 session 資料。

對 Cookie 簽章而不是採用加密方式，好窺者仍能透過瀏覽器的除錯模式讀取 session 資料，如果這些 session 資料含有機敏資料（如使用者的個資），應該要慎選保護機制。

如何劫持連線狀態

前面談過 session 的功用及管理方式，接著來看看駭客如何劫持 session，常見的手法有三種：竊取 Cookie、session 定置及利用脆弱 sessionID。

竊取 Cookie

Cookie 在今天已廣被使用，駭客常竊取通過身分驗證的使用者之 Cookie 值而達成 session 劫持的目的，竊取 Cookie 的常用手法有：跨站腳本（XSS）、中間人攻擊（MitM）或跨站請求偽造（CSRF）。

幸好，瀏覽器都具有簡單的安控措施，可以保護 session Cookie 不受這三種手法所劫持，只要伺服器回傳的 Set-Cookie 標頭加入特定關鍵字，就能要求瀏覽器啟用這些安全機制（清單 10-3）。

```
Set-Cookie: session_id=278283910977381992837; HttpOnly; Secure; SameSite=Lax
```

清單 10-3：在 HTTP 回應的 session Cookie 加入特定關鍵字，就能防止 session 劫持

接著來看看竊取 Cookie 的三種手法及保護機制所對應的關鍵字。

利用 XSS

駭客常利用 *XSS*（見第 7 章）竊取 session Cookie，藉由注入使用者瀏覽器的 JavaScript 讀取 Cookie，並傳送到駭客控制的外部 Web 伺服器，駭客便能從 Web 伺服器的日誌裡收割這些 Cookie，只要將 Cookie 的值剪下 - 貼上瀏覽器的 session（更常交由自動化腳本處理），便能以被駭者的身分執行後續連線。

要防止 XSS 的 session 劫持，請在 `Set-Cookie` 標頭將所有 Cookie 標記為 `HttpOnly`（見清單 10-4），告訴瀏覽器不准 JavaScript 程式讀寫這些 Cookie。

```
Set-Cookie: session_id=278283910977381992837; HttpOnly
```

清單 10-4：將 Cookie 標記為 HttpOnly 以阻止 JavaScript 存取它們

用戶端 JavaScript 幾乎沒有存取 Cookie 的必要，因此，這種保護方式不會造成太大影響。

利用中間人攻擊

只要找到讀取瀏覽器和 Web 伺服器之間通訊流量的方法，駭客也可以使用中間人攻擊來竊取 Cookie，為了防止利用中間人攻擊盜竊 Cookie，網站應啟用 HTTPS，這一部分將在第 13 章介紹。

Web 伺服器啟用 HTTPS 之後，還要將 Cookie 標記為 Secure，如清單 10-5 所示，瀏覽器就知道永遠不要以 HTTP 發送未加密的 Cookie。

```
Set-Cookie: session_id=278283910977381992837; Secure
```

清單 10-5：要保護 Cookie 就在 Set-Cookie 的回應標頭加上 Secure 關鍵字

多數 Web 伺服器同時允許 HTTP 和 HTTPS 請求，但是在收到 HTTP 請求時會重導向等效的 HTTPS，將 Cookie 標記為「Secure」就能阻止瀏覽器以 HTTP 發送 Cookie 資料。

利用 CSRF

駭客劫持 session 的最後一種方法是利用 *CSRF*（見第 8 章），利用 CSRF 就不需要竊取使用者的 session Cookie，只需要誘騙受害者點擊指向網站的惡意鏈結即可，如果使用者已經在網站建立 session，瀏覽器會傳送此 session Cookie 及惡意鏈結所觸發的 HTTP 請求，可能導致使用者無意中執行機敏操作（例如幫駭客推銷特定項目）。

要對付 CSRF 攻擊，請在 Cookie 使用 SameSite 屬性，指示瀏覽器只由同源網站發起的 HTTP 請求，才會伴隨傳送 session Cookie，如果從不同網站發起的請求（例如電子郵件裡的鏈結），就將 session Cookie 抽離。

SameSite 屬性有兩個選擇：Strict 和 Lax，清單 10-6 的 Strict 設定，對於外部網站觸發的所有 HTTP 請求，Cookie 都會被抽離。

```
Set-Cookie: session_id=278283910977381992837; SameSite=Strict
```

清單 10-6：SameSite 設為 Strict，會移除外部網站所發起的所有請求之 Cookie

使用者在社交平台分享網站內容時，Strict 設定會造成困擾，它會強制任何人在點擊分享鏈結後，需再次登入才能查看內容，要避免這種情況，請改用「SameSite=Lax」設定（清單 10-7），瀏覽器將允許 GET 請求使用 Cookie。

```
Set-Cookie: session_id=278283910977381992837; SameSite=Lax
```

清單 10-7：Lax 設定允許在社交平台分享鏈結，又能減輕 CSRF 造成的 session 劫持衝擊

此處「SameSite=Lax」設定指示瀏覽器將 Cookie 附加到 GET 請求，對其他請求類型，則將它們移除，由於網站通常使用 POST、PUT 或 DELETE 請求執行機敏動作（如寫入內容或發送訊息），因此，駭客將無法誘騙受害者執行這些類型的機敏動作。

Session 定置

在網際網路發展初期，許多瀏覽器並未實作 Cookie，因此 Web 伺服器以其他方式傳遞 sessionID，最常見的作法是改寫 *URL*，將 sessionID 附加在使用者存取的每個 URL 末端，時至今日，*Java Servlet* 的規範也提到無法使用 Cookie 時，開發人員可以利用 URL 來傳遞 sessionID。清單 10-8 顯示 URL 攜帶 sessionID 的範例。

```
http://www.example.com/catalog/index.html;jsessionid=1234
```

清單 10-8：利用 URL 傳送 sessionID 1234

現在，所有瀏覽器都支援 Cookie 了，改寫 URL 的作法已不合時宜，然而，為了向後相容，舊式的 Web 功能仍可接受這種方式的 sessionID，它帶來幾個重要的安全問題。

首先，寫在 URL 裡的 sessionID 也會因記錄在日誌裡而洩漏，若駭客能存取日誌內容，只要將這類 URL 輸入瀏覽器的網址列，就能輕易劫持使用者的 session。

其次，可能面臨 *session 定置*（*Session Fixation*）攻擊，若 Web 伺服器存在 session 漏洞，當收到 URL 附加未知的 sessionID 時，會要求使用者進行身分驗證，然後以這個 sessionID 建立新的 session。

駭客可以利用事先選定 sessionID 製作誘騙鏈結，再藉由網站的評論內容或以電子郵件誘騙受害者，達成 sessionID 定置攻擊。只要使用者點擊此鏈結，駭客便能劫持他的 session，因為駭客能夠在瀏覽器提交具有相同 sessionID 的請求給伺服器，點擊鏈結並將其記錄下來的行為，會將虛假的 sessionID 轉換為真實的 sessionID，這是駭客知道的，當使用者點擊鏈結並完成登入，原本假的 session 就會轉換成具有使用者身分的真正 session，而駭客也知道此對話的 sessionID。

若讀者的 Web 伺服器支援 URL 改寫的方式來追蹤 session，請確實停用這種機制，現今，這種作法一點幫助也沒有，還會讓網站受到 session 定置攻擊。清單 10-9 是停用 Apache Tomcat 7.0 的 URL 改寫功能之 *web.xml* 設定方式。

```
<session-config>
    <tracking-mode>COOKIE</tracking-mode>
</session-config>
```

清單 10-9：指定 Apache Tomcat 7.0 使用 Cookie 追蹤 session，就會停用 URL 改寫功能

利用脆弱 SessionID

前面提到，駭客若能取得 sessionID，就可以劫持使用者的 session，他們可能利用竊取 Cookie 或對支援 URL 改寫的伺服器實施 session 定置攻擊，而達成劫持 session 的目的，更暴力的作法則是單純地猜測 sessionID。sessionID 只是一串數字，如果長度不大或產生的規則可被預測，駭客就能透過程式枚舉潛在的 sessionID，並對 Web 伺服器進行測試，直到出現有效的 session 為止。

軟體很難產生真正的亂數，多數的亂數產生演算法都是利用環境因子（如系統時鐘）做為產生亂數的種子，駭客若找出足夠的種子值，就可以枚舉有效的 sessionID 來測試伺服器是否存在對應的 session。

早期 Apache Tomcat 標準版容易受到此類攻擊，資安研究人員發現產生 sessionID 亂數的演算法之種子，與系統時間和記憶體裡的物件之雜湊值有關，藉由這些亂數種子，便能可靠地猜測 sessionID，減少暴力測試的次數。

請仔細閱讀 Web 伺服器的說明文件，確保它是使用強大的亂數產生演算法提供難以猜測的大型 sessionID，由於資安研究人員經常在駭客利用脆弱 sessionID 演算法之前就找出這些弱點，因此，也應該經常留意安全公告，以便即時修補 Web 功能中的漏洞。

小結

網站成功驗證使用者身分後，瀏覽器和伺服器就會建立連線狀態（session），它可能儲存在伺服器端，或以加密或數位簽章方式儲存於用戶端。

駭客會試著竊取 session Cookie，應該確保它們受到保護，為防範駭客利用 XSS 劫持 session，應該讓 JavaScript 無法存取 Cookie；為防止駭客藉由中間人攻擊劫持 session，應該使用 HTTPS 傳遞 Cookie；為了避免 session 受到 CSRF 劫持，請將 Cookie 從跨網站的機敏請求中移除。為達到前述的防護效果，可在 HTTP 回應的 `Set-Cookie` 標頭分別加入關鍵字 `HttpOnly`、`Secure` 和 `SameSite`。

舊版的 Web 伺服器可能會受到 session 定置攻擊，停用 URL 改寫，讓 sessionID 無法以鏈結附加方式傳遞。有時會發現 Web 伺服器使用可猜測的 sessionID，請留意 Web 軟體的安全建議，並適時進行修補。

下一章將討論如何正確實作存取控制，防止惡意使用者存取網站內容或執行不當操作。

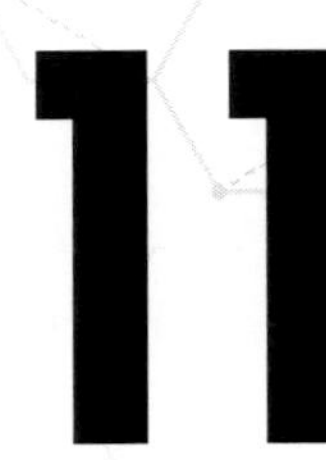

規避權限管制

權限提升

存取控制

目錄遍歷

小結

PERMISSIONS

網站通常會為使用者賦予不同等級的權限，例如，在內容管理系統（CMS）中，有部分使用者是能夠編輯網站內容的管理員，大多數使用者則只能查閱內容及撰寫評論。社交網站的權限管理更為複雜，使用者可以選擇僅和朋友分享某些內容，或者不開放個人資料。

對於提供線上郵件（Webmail）的網站，每位使用者應該只能存取自己的電子郵件！重點是網站的權限管理必須一致正確，否則將無法獲得使用者信任。

2018 年 9 月，Facebook 的使用者權限管理受到重大衝擊，駭客利用影片上傳工具的錯誤，在該網站產生存取符記（token），多達 5000 萬個帳戶遭到入侵，駭客竊取使用者個人資訊，如姓名、電子郵件和電話號碼。隨後，Facebook 修補該漏洞、發布安全建議，並藉由媒體發表道歉啟事。然而，此事件還為 Facebook 營運帶來許多負面影響，重創公司股價。

Facebook 被駭是一種權限提升（簡稱提權）的例子，是駭客篡奪另一位使用者的權限之行為，而保護網站並將正確的權限套用在每位使用者的程序則稱為「實作存取控制」。本章內容將涵蓋這兩個概念，還介紹另一種駭客攻擊不當存取控制的一種常見手法，稱為目錄遍歷（*directory traversal*）。

權限提升

資安專家將權限提升攻擊分為兩類：垂直提權和水平提權（橫向提權）。

垂直提權是駭客取得比該帳戶原有權限更高的使用權。駭客若能在 web 伺服器安裝 *Web Shell*（可接受 HTTP 請求並執行作業系統命令的腳本），首要目標就是升級為 *root* 權限，以便對伺服器執行任意操作。發送給 Web Shell 的命令，通常只能以 Web 伺服器在該作業系統帳戶下的權限執行，一般只會賦予 Web 伺服器有限的網路和磁碟存取權限。但駭客已發現許多管道能執行作業系統垂直提權，嘗試獲得 root 權限，若取得 root 權限就可以透過 Web Shell 控制整部伺服器。

水平提權是指駭客取得與自己同等級的其他帳戶之使用權。前幾章提到的猜測密碼、session 劫持或惡意製作 HTTP 請求資料，即此類攻擊的常用手段。

2018 年 9 月的 Facebook 駭客事件是水平提權的例子，原因是所發行的 API 在處理存取符記時未正確驗證使用者權限所引起。

為了有效防範提權攻擊，對於所有機敏資源的存取控制都應該貫徹安全實作，來看看如何落實。

存取控制

PERMISSIONS

存取控制策略應涵蓋三個主要面向：

身分驗證：當使用者再次回到網站時，應能正確識別其身分。

授權：確認身分之後，決定哪些操作是此使用者能做及不能做。

權限檢查：當使用者嘗試某一操作時，正確評估其權限是否相符。

第 9 章和第 10 章已介紹過身分驗證方式，相信讀者已瞭解如何安全地實作登入功能和 session 管理，能夠可靠地判斷提出 HTTP 請求的使用者身分，就算這樣，仍然需要判定每位使用者可以執行哪些操作，然而，這是個開放性問題，並沒有絕對的答案。

良好的存取控制策略包括三個階段：設計授權模型、實作存取控制和測試存取控制，完成這些階段之後，還可以增加稽核軌跡，並確認已修補常見疏失。底下將針對這些觀點進行說明。

設計授權模型

就應用軟體而言，有幾種常見的授權規則塑模方式，在設計授權模型時，務必將打算套用至使用者的模型，以書面方式記錄下來，未經商議通過的規則，很難將它視為「正確」的實作規範。底下是常見的授權規則之塑模方式。

存取控制清單

存取控制清單（*ACL*）是一種簡單的授權規則塑模方法，對系統中的每個物件都指定一份權限清單，表明每位使用者或帳戶對該物件可執行的動作。典型的 ACL 模型範例是 Linux 的檔案系統，它將每位使用者對於檔案和目錄的操作權限分成讀取、寫入或執行；多數的 SQL 資料庫也使用 ACL 授權模式，依照連接資料庫的帳戶，給予讀取或更新哪些資料表，或者更改資料表綱要的權限。

白名單和黑名單

授權規則塑模的另一種簡單方式是使用*白名單*或*黑名單*。白名單是指可以存取特定資源的使用者或帳戶，不在名單裡的其他使用者則不能存取此資源；黑名單則用來禁止存取特定資源的使用者或帳戶，反之，不在名單裡的其他使用者都能存取此資源。垃圾郵件過濾器經常使用郵件位址的白名單和黑名單，判斷哪些郵件要送往垃圾郵件資料夾或不屬於垃圾郵件位址。

角色為基礎的存取控制

最周全的授權模型可能是*角色為基礎的存取控制*（*RBAC*），它賦予使用者某個*角色*，或將使用者加到某個角色*群組*中，系統中的規則會定義每個角色如何與特定資源互動。

在 RBAC 系統，若某位使用者需具備管理員權限，只要將他加入具有管理員角色的 Administrators 群組即可，權限規則就會允許具有管理員角色的使用者或群組能夠編輯網站的特定內容。

Amazon Web Services 的*身分和存取管理*（*IAM*）系統就是以角色為基礎的例子，微軟的*活動目錄*（AD）也是如此。以角色為基礎的存取控制擁有強大功能，但也相對複雜，權限規則可能彼此矛盾，開發人員需要為衝突訂出解決邏輯，而且使用者可能因隸屬多個群組而出現授權重疊的現象。面對這些情況，有時很難理解系統為何做出某種存取決策，或特定情況下的某些規則之優先順序。

基於擁有權的存取控制

在社群媒體時代，普遍以擁有權（*ownership*）的概念來安排存取控制規則，每位使用者都能完全控制自己上傳的照片或發表的言論，就本質而言，社交媒體的使用者是自己內容的管理員，他可以建立、上傳、刪除和控制所發表內容之能見度，包括言論、照片和檔案，能夠在照片等內容為其他使用者貼上標籤，其他使用者則可以決定是否要公開這些標籤。社交網站的各種類型內容都帶有某種隱私程度，對其他人的評論通常屬於公開領域，而私下傳訊則不會被公開（這個道理想必大家都知道）。

實作存取控制

選定授權模型並完成網站的存取規則定義後，接著，就要在程式實作這些規則，最好是採用集中式存取控制機制，方便源碼審查時，可以驗證規則與文件紀錄是否相符，雖然不一定要在同一條邏輯流程中完成所有規則判定，重點是要有評估存取控制決策的標準方法。

實作授權規則的方法有很多，利用函式或方法裝飾器（decorator；指定函式或方法的權限層級之標籤）、URL 查驗（例如帶有「*/admin*」的前綴路徑）或在程式中加入判斷敘述，有些則由專門的權限管理元件或內部 API 來執行存取控制決策。清單 11-1 是在 Python 函式中加入權限檢查的範例。

```
from django.contrib.auth.decorators import login_required, permission_required

❶ @login_required
❷ @permission_required('content.can_publish')
  def publish_post(request):
      # 在前台發布文章
```

清單 11-1：Python 的 django Web 伺服器檢查權限

Web 伺服器會要求使用者必須登入 ❶ 及具備發布文章的權限 ❷，才允許他發表貼文。

清單 11-2 是 Ruby 直接在程式中使用 pundit 函式庫檢查權限。

```
def publish
  @post = Post.find(params[:id])
❶ authorize @post, :update?
  @post.publish!
  redirect_to @post
end
```

清單 11-2：Ruby 使用 pundit 函式庫檢查權限

此方法詢問函式庫 ❶，目前的使用者是否有權更改由 `@post` 物件所代表的社交言論。

無論使用哪種方法實作權限檢查，應該根據通過正確審查的身分資料做出存取控制決策，千萬不要依靠 HTTP 請求裡的內容（session Cookie 除外）來推斷使用者想存取什麼資源，以及他具有什麼權限！要知道，駭客能夠藉由竄改請求內容來執行提權攻擊。

測試存取控制

存取控制系統必須通過嚴謹測試，確保測試程序包含探索存取控制方案裡的漏洞，若能以駭客思維執行測試程序，就能為真正的攻擊做好備戰工事。

利用單元測試判斷誰可以存取哪些資源，更重要的是，誰不能存取這些資源，養成良好習慣，每當為網站加入新功能時，也撰寫該功能的存取控制規則之單元測試，尤其是管理界面功能，這一點特別重要，因為駭客經常利用它們做為入侵網站的後門，清單 11-3 是一支簡易的 Ruby 單元測試，用來判定執行機敏動作之前，使用者是否已完成登入。

```
class PostsTest < ApplicationSystemTestCase
  test "如果使用者尚未登入，應該先將他們導向登入網頁" do
     visit publish_post_url
     assert_response :redirect
     assert_selector "h1", text: "Login"
  end
end
```

清單 11-3：一支 Ruby 單元測試，檢查未經授權的使用者嘗試發布貼文時，是否將他導向登入網頁

最後，若時間和預算充裕，請考慮僱用外部團隊進行滲透測試，探查駭客可能繞過存取控制規則的邏輯失誤或程式錯誤。

增加稽核軌跡

由於程式要在使用者存取資源時，識別其身分及驗測授權層級，應該要增加稽核軌跡記錄功能，以供故障排除和事件應變時使用，稽核軌跡是使用者執行操作時的日誌檔案或資料庫紀錄，在使用者瀏覽網站時，簡單的日誌紀錄（`14:32:06 2019-02-05: User example@gmail.com logged in`）可以輔助問題診斷，在發生入侵事件時，也能提供重要跡證。

避免常見疏失

由於網站的隱性資源無法透過網頁上的鏈結存取，設計時常常忽略它的存取控制，以為網頁上沒有它的鏈結，駭客就不知道它的存在。事實並非如此！

對於使用代號標示的隱性網頁（如 *http://example.com/item?id=423242*），駭客工具能夠快速枚舉它們的 URL，有些使用可猜測結構的隱性 URL（如 *http://example.com/profiles/*）也很容易被找到，以為駭客猜不到 URL 就是安全的想法被稱為隱晦式安全（*Security through obscurity*），其實並非真正安全。

設計網站時，對於只在特定時間點方可存取的限制性資源，保護機制尤為重要，提供財務報表的網站大概就會受到這樣的限制，上市公司必須由預先商定好的管道，同時向所有投資者提供季報或半年報。

有些網站會提前上傳這些報表，假設報表的路徑是以「*/reports/<公司名稱>/<月份-年度>*」方式表示，偷跑的投資者早已知道要提前檢查這些網址，以便在市場公布之前先取得報表，由於報表管制邏輯有問題，金融監管機構已對這些公司的不當披露行為處以高額罰款！為免受罰，請確保你的存取控制規則已符合所有存取時機要求。

網站上的每項機敏資源都需要存取控制，若網站允許使用者下載檔案，駭客可能會使用「目錄遍歷」的手法，嘗試取得不允許下載的檔案，來看看他們會怎麼做！

目錄遍歷

若網站的 URL 包含描述檔案路徑的參數，駭客就可以利用目錄遍歷來繞過存取控制規則，目錄遍歷攻擊中，駭客操縱 URL 參數，存取原本不打算被存取的機敏檔案，目錄遍歷攻擊通常會以「../」替換 URL 的相對檔案路徑，以便「跳出」網站所在目錄。來分析一下它的原理。

檔案路徑和相對檔案路徑的關係

許多檔案系統是用檔案路徑來描述每個檔案的位置，例如 Linux 的檔案系統用「*/tmp/logs/web.log*」描述通往「*web.log*」位置的各層目錄，以本例而言，檔案「*web.log*」位於「*logs*」目錄裡，而「*logs*」的上一層目錄是「*tmp*」，檔案和目錄之間用斜線（/）分隔。

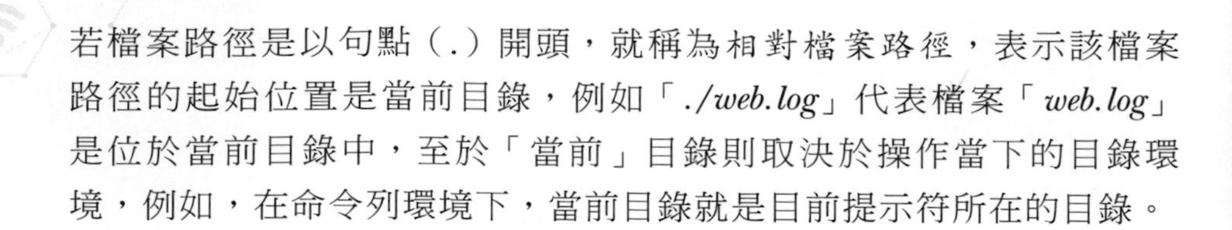

若檔案路徑是以句點（.）開頭，就稱為相對檔案路徑，表示該檔案路徑的起始位置是當前目錄，例如「*./web.log*」代表檔案「*web.log*」是位於當前目錄中，至於「當前」目錄則取決於操作當下的目錄環境，例如，在命令列環境下，當前目錄就是目前提示符所在的目錄。

相對路徑也會使用「..」（雙句點），代表上一層目錄（父目錄），若使用兩次「..」，表示當前目錄的父目錄的父目錄，例如，「*../../etc/passwd*」代表要從目前目錄的上兩層目錄去尋找名為「etc」的目錄，然後讀取該目錄裡的「*passwd*」檔案。相對路徑就類似親屬關係：你的叔叔是祖父母的兒子，要找到在族譜的位置，請由你位置上溯兩代，然後尋找該代所產下的一名男孩。

若伺服器端程式允許駭客傳送相對檔案路徑來定位檔案，駭客可以探測檔案系統裡是否存在有趣的檔案，因而繞過存取控制，相對路徑的語法讓駭客可以讀取 Web 伺服器主目錄的外部檔案，進而探查保有密碼或系統組態資訊的目錄及讀取其中包含的資料。此處舉個攻擊的例子。

剖析目錄遍歷攻擊

假設有個網站是在檔案系統保存 PDF 格式的餐廳菜單檔，瀏覽該網站的使用者可點擊網頁上的鏈結來下載這些 PDF 格式的菜單檔，參考畫面如圖 11-1 所示。

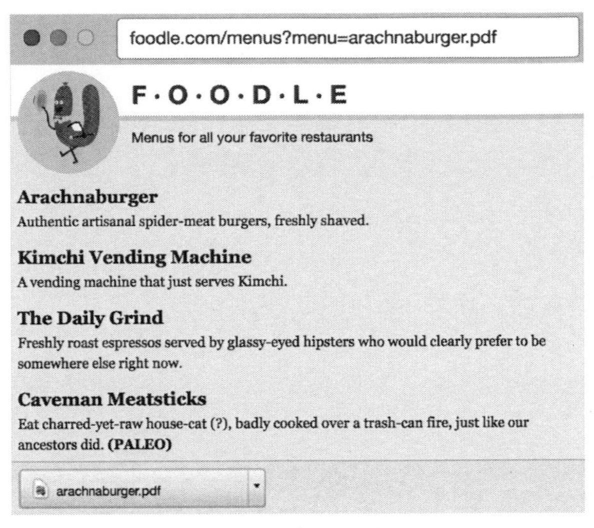

圖 11-1：一個允許下載檔案的網站

如果網站程式沒有安全地處理檔名參數，駭客便能夠替換 URL 裡的菜單檔之相對路徑參數，因而取得伺服器上的使用者帳戶資訊，如圖 11-2 所示。

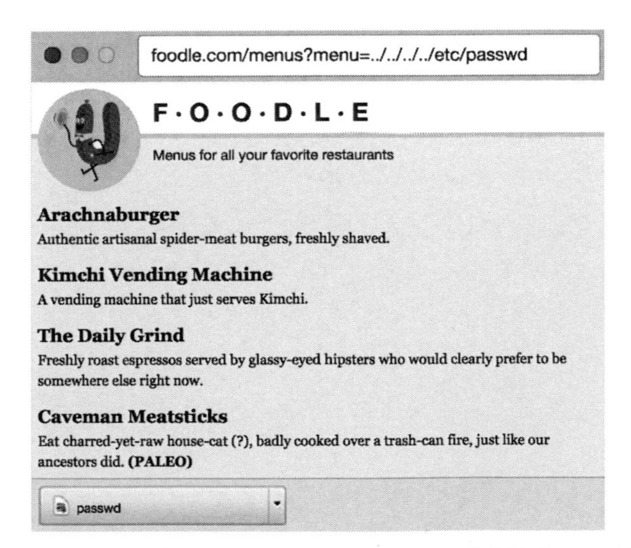

圖 11-2：使用目錄遍歷攻擊取得保有帳戶資訊的 Linux 檔案

此例，駭客使用相對路徑（*../../../../etc/passwd*）替換 menu 參數的菜單檔名而得到機敏檔案，讀取 passwd 檔案，駭客就知道底層 Linux 作業系統有哪些帳戶，知道這些機敏資訊，將有助於駭客入侵伺服器。相信讀者不希望駭客閱讀取此類資訊！那麼我們有什麼防範目錄遍歷的方法。

防範措施 1：信任 Web 伺服器內建機制

要保護自己免受目錄遍歷攻擊，先要瞭解 Web 伺服器如何解析靜態內容的 URL，當伺服器回應對靜態內容（如 JavaScript 檔案、圖片或樣式表）的請求時，幾乎所有網站都以某種形式將 URL 對應到檔案系統的路徑，若發現自己提供其他類型的靜態檔案（如餐廳菜單），請使用 Web 伺服器內建的 URL 解析邏輯，千萬不要編寫自己的 URL，Web 伺服器的 URL 靜態託管功能一般已經過實戰檢驗，能夠有效防止目錄遍歷攻擊。

防範措施 2：借用第三方託管服務

如果供應的檔案不屬於程式功能的一部分（如 JavaScript 或樣式表），則可能是使用者或網點管理員上傳的檔案，若是如此，強烈建議將它們託管於 CDN、雲端硬碟或 CMS 裡，這些服務不僅可防範第 6 章介紹的檔案上傳漏洞，也可以化解隱晦式安全的目錄遍歷攻擊，這些方案中，CDN 的權限設定較為細膩（例如某些檔案只能特定使用者存取），而且也較容易整合。

防範措施 3：不要直接引用檔案

如果自己開發程式碼，從本機磁碟提供檔案服務，則間接尋址是防範目錄遍歷攻擊的最安全作法，針對每個檔案配置一組與檔案路徑匹配的唯一暗碼代號，透過暗碼代號參照每個檔案，這種作法可能需要在資料庫中維護一張暗碼代號和檔案路徑的對照表。

防範措施 4：清理引用的檔案路徑

最後，可能因承接舊系統，且沒時間或經費為既存的檔案存取方式辦理重構，不得已，只能在 URL 中直接引用檔案，面對這種情況，需要保護網站程式碼不會接受任意路徑來取代檔案名稱，最安全的簡單作法是禁止任何含有路徑分隔符（含編碼後的分隔符）之檔案參數，請注意，Windows 和 Linux 作業系統的路徑分隔符分別為「\」和「/」，兩者是不一樣的。

另一種方法是利用正則表示式（*regex*）檢查檔名，濾掉任何看似路徑語法的內容，只留下合理的檔名，現今的 Web 程式語言都具備某種程度的正則表示式實作，因此能夠輕易地根據「安全」的表示式檢測傳入的檔案名稱，但使用這種方法要謹慎，由於目錄遍歷攻擊不需高深技術，值得駭客不斷研究新穎又晦澀的方式來編碼路徑名稱，如果可能，建議使用第三方的程式庫來清理檔案名稱。清單 11-4 是用 Ruby 的 Sinatra 程式庫來清理路徑參數的程式片段。

```
def cleanup(path)
  parts     = []
❶ unescaped = path.gsub(/%2e/i, dot).gsub(/%2f/i, slash).gsub(/%5c/i, backslash)
  unescaped = unescaped.gsub(backslash, slash)

❷ unescaped.split(slash).each do |part|
    next if part.empty? or part == dot
    part == '..' ? parts.pop : parts << part
  end

❸ cleaned = slash + parts.join(slash)
  cleaned << slash if parts.any? and unescaped =~ %r{/\.{0,2}$}
  cleaned
end
```

清單 11-4：Ruby 的 Sinatra 程式庫清理路徑參數的邏輯範例

程式首先將所有晦澀編碼的字元標準化 ❶，接著將路徑分成各個獨立的組件 ❷，最後使用標準的路徑分隔符重組路徑 ❸，確保最前面的字元是斜線（/）。

PERMISSIONS

清單 11-4 的複雜邏輯是必要的，因為駭客在執行目錄遍歷攻擊時，可能對路徑進行各式各樣的編碼。清單 11-5 顯示不同作業系統編碼父目錄的八種方法。

```
../
..\
..\/
%2e%2e%2f
%252e%252e%252f
%c0%ae%c0%ae%c0%af
%uff0e%uff0e%u2215
%uff0e%uff0e%u2216
```

清單 11-5：針對不同的作業系統，相對路徑可能有多種編碼方式，有沒有嚇一跳！

小結

網站的使用者通常擁有不同等級的權限，當使用者打算存取資源時，應該要有評估其權限的存取控制機制，存取控制規則需要明確、清楚地記錄在文件中，並嚴謹地實作其功能和積極地完成測試，系統的開發期限應包括團隊評估新的程式變更可能引起潛在風險之時間。

目錄遍歷攻擊是一種可繞過存取控制規則的常見手法，利用檔案名稱直接引用靜態資源，容易受到目錄遍歷攻擊，要防範目錄遍歷攻擊，可利用 Web 伺服器內建的靜態檔案供應方式、由安全的第三方系統提供靜態檔案或以間接方式參照靜態檔案，若因故需直接透過名稱引用檔案，請確實清理組成檔案路徑的所有 HTTP 參數。

下一章會指出網站的哪些功能可能會暴露你使用的技術，無意間為駭客提供擬定有效攻擊戰術的情報。

INFORMATION LEAKS

12

資訊洩漏

防範措施 1：停用可能洩漏資訊的回應標頭

防範措施 2：使用更簡潔的 URL

防範措施 3：使用一般性的 Cookie 參數

防範措施 4：不要在用戶端顯示詳細的錯誤描述

防範措施 5：壓縮或模糊化 JavaScript 檔案

防範措施 6：清理用戶端的不必要程式碼

隨時注意安全公告

小結

駭客經常利用已公開的漏洞進行攻擊，尤其是剛被揭露的零時差（zero-day）漏洞，當有人發布軟體的零時差漏洞時，駭客就會立即掃描是否有執行該漏洞軟體的 Web 伺服器，以便發動攻擊。想保護自己免受此類威脅，應該確保 Web 伺服器不會洩漏系統平台的軟體類型資訊，如不慎讓駭客知道伺服器所用的技術，就可能成為駭客的獵物。

本章將探討 Web 伺服器洩漏技術資訊的常見管道，以及降低此類風險的防範方式。

防範措施 1：停用可能洩漏資訊的回應標頭

確認已停用會揭露 Web 伺服器的平台技術、程式語言、應用框架及版本的 HTTP 回應標頭。多數 Web 伺服器預設會伴隨回應標頭一同發送系統相關資訊，對於伺服器廠商來說，這些資料具有廣告效果，對瀏覽器而言，卻毫無用處，而駭客卻能從這些資訊，探測系統可能存在的漏洞，請確保 Web 伺服器的組態已停用這類回應標頭，或者，修改這些標頭內容，讓駭客取得錯誤的技術情報！

防範措施 2：使用更簡潔的 URL

設計網站時，請避免在 URL 的網頁名稱加上檔案副檔名（如 *.php*、*.asp* 和 *.jsp*），使用更簡潔的 URL，才不會洩漏實作細節，舊版本的 Web 伺服器常會使用帶有副檔名的 URL，它會揭露後端系統使用的模板檔名稱，為了減少駭客取得此情報，請確保你的系統沒有提供網頁的副檔名。

防範措施 3：使用一般性的 Cookie 參數

Web 伺服器用來儲存 session 狀態的 Cookie，其參數名稱經常暴露伺服器端使用的技術，例如，Java Web 伺服器常將 sessionID 儲存於名為「JSESSIONID」的 Cookie 裡，駭客可藉由檢查 session Cookie 的名稱來判斷伺服器類型，如清單 12-1 所示。

```
❶ if response.get_cookies.match(/JSESSIONID=(.*);(.*)/i)
    jsessionid = $1
    post_data  = "j_username=#{username}&j_password=#{password}"

    response = send_request_cgi({
                 'uri'          => '/admin/j_security_check',
                 'method'       => 'POST',
                 'content-type' => 'application/x-www-form-urlencoded',
                 'cookie'       => "JSESSIONID=#{jsessionid}",
                 'data'         => post_data,
               })
```

清單 12-1：Metasploit 這套駭客工具會嘗試檢測和入侵 Apache Tomcat 伺服器

可以看到 Metasploit 的程式會檢查 session Cookie 的名稱 ❶。

請確保 Web 伺服器不會透過 Cookie 傳送後台所用技術的相關內容，因為，這些都是駭客偵察的線索，最好修改組態設定，以一般性名稱（如 session）傳送 session Cookie。

防範措施 4：不要在用戶端顯示詳細的錯誤描述

多數 Web 伺服器都支援於用戶端顯示系統錯誤資訊，可以將程式執行錯誤的堆疊追蹤和路由資訊呈現於 HTML 網頁裡，在測試環境進行除錯或調校時，用戶端的錯誤報告非常實用，如果駭客也能看到這些資訊，就能判斷系統使用哪些功能模組或程式庫，有助於他們擬訂漏洞攻擊策略，若存取資料庫時發生錯誤，甚至可能洩漏資料庫的詳細結構資訊，對系統安全將形成重大威脅！

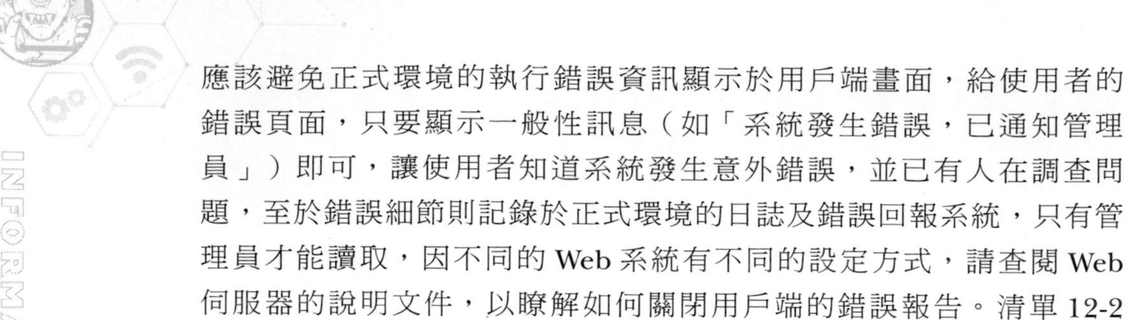

應該避免正式環境的執行錯誤資訊顯示於用戶端畫面，給使用者的錯誤頁面，只要顯示一般性訊息（如「系統發生錯誤，已通知管理員」）即可，讓使用者知道系統發生意外錯誤，並已有人在調查問題，至於錯誤細節則記錄於正式環境的日誌及錯誤回報系統，只有管理員才能讀取，因不同的 Web 系統有不同的設定方式，請查閱 Web 伺服器的說明文件，以瞭解如何關閉用戶端的錯誤報告。清單 12-2 是在 Rails 組態檔中停用此功能。

```
# 停用完整的錯誤回報功能
config.consider_all_requests_local = false
```

清單 12-2：確保正式環境的組態檔已關閉用戶端錯誤報告，Ruby on Rails 的組態檔一般位於「config/environments/production.rb」裡

防範措施 5：壓縮或模糊化 JavaScript 檔案

許多 web 開發人員在部署 JavaScript 程式碼之前，會使用縮小器（*Minifier*）進行預先處理，它會在不損及功能的情況下，將原本的 JavaScript 程式碼高度壓縮成更小的檔案，縮小器會移除多餘的字元（如空格），並使用較短的語詞替換某些程式碼；另一個相關的工具是混淆器（*obfuscator*），它使用短而無意義語詞來替換方法和函式名稱，故意降低程式碼的可讀性，但不會破壞程式原有的功能。有名的「UglifyJS」兼具這兩種功能，只要從命令列執行「`uglifyjs [ 輸入檔 ]`」就可完成縮小及混淆 JavaScript，因此，能夠輕易將它加入建構程序之中。

開發人員會為了效能而縮小或混淆 JavaScript，因為較小的 JavaScript 檔，可提高瀏覽器的載入速度，但這樣作還有一項附加價值，讓駭客更難判斷所使用的 JavaScript 函式庫。資安人員或駭客都會探索流行的 JavaScript 函式庫裡的安全漏洞，這些漏洞可用來執行 XSS 攻擊，若能讓駭客更難藉由檢視函式庫來發現漏洞，就能減少被攻擊的機會。

防範措施 6：清理用戶端的不必要程式碼

絕對有必要進行源碼審查及使用靜態分析工具，確保用戶端的原始碼沒有包含機敏資料的註解文字，或因無效（不用）的程式碼而洩漏潛藏的功能及資訊，開發人員時常在 HTML、JavaScript 裡留下註解文字而分享過多資訊，常忽略這些檔案是會送交瀏覽器。縮小 JavaScript 也許能夠刪除註解文字，但在源碼審查時，仍需關注模板檔案和 HTML 檔裡所含有機敏資訊的註解文字，應該將機敏資訊從註解中刪除。

駭客透過工具可以輕易地爬找網站內容，並萃取出無意間留下的註解文字，尤其是遺留在註解中的預設帳號或內部的私有 IP 位址，當駭客打算入侵網站時，通常優先執行的步驟就是收集這些情報。

隨時注意安全公告

就算前述的措施都已到位，老練的駭客還是能從各方面猜出所用技術的端倪，面對於特定情況，會造成 Web 伺服器的回應有明顯徵兆，例如，故意發送不合規 HTTP 請求或使用罕見的 HTTP 動詞來發送請求，駭客透過獨特技巧得到伺服器特徵，藉此識別後端使用的技術資訊，因此，即使已完善防止資訊外洩，仍要隨時注意安全公告，並及時修補相關漏洞。

小結

確保 Web 伺服器不會洩漏平台相關的技術資訊，因為駭客可以利用這些資訊擬訂攻擊網站的策略；檢查網站的組態設定，不要使用會洩漏資訊的回應標頭，並將獨特的 session Cookie 名稱換成通用性名稱；使用不含副檔名的簡潔 URL；將 JavaScript 縮小及模糊化，讓駭客難以辨認網站使用哪一種第三方函式庫；對正式環境關閉用戶端錯誤報告的支援行為；定時清理模板檔和 HTML 裡的註解，以免釋出過多資訊；最後，隨時注意安全公告，並及時修補相關漏洞。

下一章將介紹如何利用加密技術來保護網站流量。

13

加解密機制

網際網路協定的加密機制

啟用 HTTPS

攻擊 HTTP 和 HTTPS

小結

加密技術讓網際網路更具威力，若沒有能力保障資料交換的私密與安全，電子商務便不復存在，使用者也無法安全地在網站上進行身分驗證。

HTTPS 是網際網路最廣泛使用的加密形式，Web 伺服器和 Web 瀏覽器都支援 HTTPS，為了保障使用者的通訊安全，開發人員可以大膽地將所有流量轉移到該協定上，開發人員想在網站上使用 HTTPS，只需要從憑證授權中心（*CA*）取得憑證，並交由網站的託管廠商安裝即可。

一般人可以輕鬆地使用加密技術，殊不知網站和瀏覽代理在背後經由複雜程序才能建立 HTTPS 通訊，近代的加密技術（研究資料加密和解密的方法）是靠一群數學家和資安專業人員積極研究及開發而來的，還好，網際網路協定已將這些原理進行抽象封裝，我們不必瞭解線性代數或數學理論，就能享受前人研究的成果。但是，如果對於底層的演算法了解得越深入，就越能避免潛在的風險。[譯註 1]

本章首先簡介網際網路協定使用的加密技術及背後的基礎數學理論，掌握加密原理之後，接著說明開發人員欲使用 HTTPS 所需採取的實踐步驟，最後會來看看駭客打擊未加密或弱加密的流量，以及某些規避加密保護的手法。

譯註 1　舉凡以 HTTP 協定和 Web 伺服器通訊的工具，統稱為瀏覽代理，最常見的是 Web 瀏覽器。

網際網路協定的加密機制

回想一下，訊息是分成一個一個的資料封包，再透過網際網路傳送，藉由傳輸控制協定（*TCP*）送往它們的最終目的地，接收方電腦再將這些 TCP 封包組合成原始訊息，TCP 沒有提供所發送的資料之詮釋方式，為此，接收雙方都需要透過更高層級的協定（如 HTTP）才能達成詮釋資料的共識，TCP 也不負責所傳送的資料封包之內容真偽，沒有適當保護的 TCP 通訊很容易受到中間人（*MitM*）攻擊，惡意第三方會在傳輸中途攔截及讀取資料封包。

為避免中間人攻擊，可以利用傳輸層安全協定（*TLS*）保護瀏覽代理和 Web 伺服器之間的 HTTP 通訊，TLS 是一種加密方法，既可提供隱私保護（確保資料封包不能被第三方解密）又能提供資料完整性（可以檢測傳輸的資料封包是否遭到竄改），使用 TLS 加密的 HTTP 通訊稱為 *HTTPS* 通訊。

當 Web 瀏覽器連線到啟用 HTTPS 的網站時，瀏覽器和 Web 伺服器會進行 *TLS* 交握（起始 TLS 通訊時的封包交換過程），其中一項任務是協商欲使用的加密演算法，為瞭解 TLS 的交握過程，需要知道加密演算法的基礎知識，簡單的數學理論還是逃不掉的！

加密演算法、雜湊和信息鑑別碼

*加密演算法*會用*加密金鑰*將輸入的資料打亂，金鑰是加密通訊雙方所共享的一組秘密，若沒有*解密金鑰*，任何人都無法將打亂後的資料重整回原始內容，輸入資料和金鑰通常是以二進制型式保存，但為了讓人類易於閱讀，金鑰可以是一般字串。

加密演算法已經很多種了，數學家和資安人員仍不斷發明更新的加密演算法，這些加密演算法大致可分成：對稱式和非對稱式加密演算法（用於加解密資料）、雜湊函數（用於建立資料指紋和建構其他加密演算法）和信息鑑別碼（用於確保資料完整性）。

對稱式加密演算法

對稱式加密演算法使用相同的金鑰來加密和解密資料，通常會將待加密的資料分成固定大小的資料區塊（block），若最後一個資料區塊的長度不足時，會以填充字元將它補足，然後分別對這些區塊進行加密。這種演算法很適合處理串流資料，包括 TCP 封包。

對稱式演算法主要特性是處理速度快，卻存在重大的安全缺陷，即接收方必須先拿到解密金鑰，才能解密資料串流，如果解密金鑰是透過網際網路分享，駭客就有機會竊取這把金鑰，用來解密後續傳送的訊息，這可要不得！

非對稱式加密演算法

為了因應解密金鑰被偷的威脅，所以有了非對稱式加密演算法，使用不同的金鑰來加密和解密資料。

非對稱式演算法讓各類軟體（包括 Web 伺服器）可以自由地散發它的加密金鑰，由自己安全地保管解密金鑰，任何想安全地發送訊息給伺服器的瀏覽代理，可以使用伺服器提供的加密金鑰來加密訊息，除了伺服器本身，沒有任何人（甚至加密者）能夠正確解密這分資料，因為解密金鑰由伺服器安全保管著。非對稱式的加解密模式有時稱為公開金鑰密碼學，可以到處散發加密金鑰（公鑰），只有解密金鑰（私鑰）需要被保護。

非對稱式演算法比對稱式演算法複雜得多，因此，執行效率也比較差，網際網路協定的加密通訊則是結合這兩種演算法，稍後會提到。

雜湊函數

與加密演算法有關的是密碼雜湊函數，可視為無法解密其輸出的加密演算法，雜湊函數還有一個有趣的現象，無論輸入資料的長度如何，其輸出（雜湊值）的長度都是固定的，從不同輸入值得到相同雜湊值的機率，簡直微乎其微。

有什麼理由需要無法解密的加密資料？嗯！就是為輸入的資料產生「指紋」，如果要檢查兩個獨立的資料是否相同，但基於安全因素，又不能儲存原始資料，則驗證兩個資料產生的雜湊值就可以得知結果。

就如第 9 章所看到的，網站通常使用這種方式來保存密碼，使用者第一次設定密碼時，Web 伺服器將密碼的雜湊值儲存在資料庫中，故意不記住真正的密碼內容。使用者再次拜訪網站並重新輸入密碼時，伺服器重新計算雜湊值，並與之前儲存的雜湊值進行比較，若兩個雜湊值不一樣，表示輸入的密碼不正確，就無法通過身分驗證，如此一來，網站不必知道真正的密碼也能驗證使用者輸入的密碼是否正確。若以純文字形式儲存密碼，駭客入侵資料庫，便能直接獲得每位使用者的密碼。

信息鑑別碼

信息鑑別碼（*MAC*）的演算法與雜湊函數類似，一般也是建立在雜湊函數基礎上，因為它是將任意長度的輸入資料對應到唯一且固定長度的輸出資料，此輸出資料就稱為信息鑑別碼。但 MAC 演算法比雜湊函數更特別，需要一把金鑰才能重新計算 MAC，亦即，擁有金鑰的各方才能產生或檢查 MAC 的有效性。

ENCRYPTION

MAC 演算法用於確保駭客無法偽造或竄改網際網路傳輸的資料封包，要使用 MAC 演算法，發送方和接收方會在 TLS 交握過程交換共享的密鑰（發送之前會先加密，以降低被竊的風險），交換密鑰之後，發送方會為發送的每個資料封包都產生一組 MAC，並將此 MAC 附加到該封包上。接收方也擁有相同的金鑰，所以能夠從收到的信息中重新計算 MAC，如果重算的 MAC 與附加在封包的值不同，表示該封包已遭到竄改或破壞，或者不是來自原始發送方，接收方應該拒絕這份封包。

讀者一路用心閱讀至此，真是可喜可賀！密碼學是一門博大精深的學問，有它自己的行話，要知道它如何融入網際網路協定，必須在腦袋裡塞入許多觀念，感謝讀者為此付出的耐心。接著來看看 TLS 會用到哪些加密演算法。

TLS 交握

TLS 使用不同的加密演算法組合，以求有效保護所傳遞的資訊，為了提高處理速度，TLS 傳輸的多數資料都使用對稱式加密演算法（或稱為區塊式加密）進行加密，它是將串流資料分成區塊後再加密。回想一下，惡意使用者容易以竊聽方式取得對稱式加密演算法的金鑰，為了安全地傳遞區塊加密的金鑰，此金鑰傳遞給接收方之前，TLS 會利用非對稱式演算法將它加密，最後，再使用 MAC 標記 TLS 傳遞的封包，以便檢測資料是否遭到竄改。

在開始 TLS 通訊時，瀏覽器和網站會先執行 *TLS 交握*，確定彼此的通訊模式，交握的第一階段是由瀏覽器提供可以支援的加密套件清單，底下會介紹此階段的細部動作。

加密套件

加密套件（*cipher suite*）是一套用於保護通訊的演算法集合，就 TLS 標準，加密套件包含三個獨立的演算法，第一種是屬於非對稱式加密的金鑰交換演算法，通訊雙方透過金鑰交換演算法交換第二種演算法所需的金鑰，即加密 TCP 資料封包的對稱式金鑰，最後一種是指定用於驗證加密信息的 MAC 演算法。

再具體一點，像 Google Chrome 這類支援 TLS 1.3 的瀏覽器會提供許多加密套件，在撰寫本文時，其中一套是「ECDHE-RSA-AES128-GCM-SHA256」，從名稱不難看出此套件包括「ECDHE-RSA」的金鑰交換演算法、「AES-128-GCM」的對稱式加密演算法及「SHA256」的信息鑑別演算法。

想要知道一些沒什麼用處的細節嗎？*ECDHE* 是指橢圓曲線迪菲 - 赫爾曼交換演算法，一種能夠在不安全通道上建立共享密鑰的方法；*RSA* 代表 *Rivest–Shamir–Adleman* 演算法，是 1970 年代的三位數學家，在喝了大量猶太逾越節酒後，所發明的第一個實用的非對稱式加密演算法；*AES* 代表進階加密標準演算法，由兩名比利時的密碼學家發明，經美國國家標準技術研究所（NIST）三年的審查程序，最終被選為加密標準，從套件名稱裡的 GCM 字樣，可知此處的 128 bit AES 金鑰是使用伽羅瓦／計數器模式（GCM）；最後，SHA-256 代表 256 bit 的安全雜湊演算法（*SHA*）。

可知筆者所提近代加密標準的複雜性，所指為何嗎？現今瀏覽器和 Web 伺服器支援的加密套件數量相當多，而且隨時都有新的加密套件加到 TLS 標準中。由於電腦運算能力的單位成本愈來愈低，只要發現既有演算法的弱點，資安人員便會更新 TLS 標準，以維持網際網路的安全。身為 Web 開發人員，演算法的工作原理對我們而言並不是特別重要，但是隨時更新 Web 伺服器軟體，讓它支援最新的安全演算法卻非常重要。

建立 Session

再回到我們的主題，TLS 交握的第二階段，Web 伺服器從瀏覽器提供的加密套件清單中，選擇可以支援的最安全套件，然後告訴瀏覽器要使用這些演算法進行通訊，同時，伺服器會回送一組數位憑證（簡稱憑證），裡頭包含伺服器名稱、保證此憑證的真實性之受信任 CA，以及 Web 伺服器的金鑰交換演算法所使用的金鑰。下一節會討論什麼是憑證，以及它對於安全通訊的必要性。

一旦瀏覽器驗證伺服器憑證的真實性，雙方便會依選定的對稱式加密，建立一把加密 TLS 通訊所需的連線金鑰（*session key*），請注意，此連線金鑰與之前談論 HTTP 所提的 sessionID 是不一樣的東西。TLS 交握是在比 HTTP 對話更低層的網際網路協定堆疊中進行，此時 HTTP 對話尚未開始，連線金鑰是由瀏覽器所產生的極大亂數，並用金鑰交換演算法所交換的憑證上之公鑰進行加密，然後傳輸給伺服器。

TLS 終於可以開始通訊了，從現在起，雙方以 sessionID 做為身分識別，並將所有內容用對稱式金鑰加密，任何從通訊中途竊聽封包的人，再也無法得知真正的內容，瀏覽器和伺服器使用約定的加密演算法和連線金鑰來加密雙方通訊資料，資料還藉由 MAC 提供真實性及防竄改保證。

誠如所見，網際網路上的許多安全通訊都是架構在複雜的數學理論上，幸好，對 web 系統的開發人員而言，啟用 HTTPS 所需的操作就簡單多了，瞭解 TLS 的工作原理之後，再來看看維護使用者安全，需要哪些操作。

啟用 HTTPS

維護網站流量的安全，比瞭解加密演算法的原理更容易，現在瀏覽器都具有自我更新能力，主流瀏覽器的開發團隊也將支援最新的 TLS 標準視為優先任務，新近的 Web 伺服器軟體也支援最新的 TLS 演算法，所以，身為 web 程式開發人員，唯一要做的事就是取得憑證，並將它安裝到 Web 伺服器上。接下來將說明處理步驟及憑證的必要性。

數位憑證

數位憑證（又稱公開金鑰憑證，簡稱憑證）是用於證明公開加密金鑰擁有權的電子文件，TLS 使用的憑證會將加密金鑰與網域（如 *example.com*）關聯在一起，這些資訊是由憑證授權中心（CA）簽發，由 CA 作為瀏覽器與網站之間的受信任第三方，證明加密資料所用的金鑰是由正確網域上的網站所提供，瀏覽器信任數百個 CA，例如 Comodo、DigiCert，以及最近誕生的非營利 Let's Encrypt，當受信任的 CA 為金鑰和網域提供真實性保證時，就可確保瀏覽器是使用正確的加密金鑰與正確的網站進行通訊，進而阻擋駭客提供的惡意網站或憑證。

讀者是否覺得奇怪，在網際網路上交換加密金鑰，為什麼需要第三方證人？非對稱式加密的重點不就是伺服器本身可以自由地分發公鑰嗎？這麼說雖沒有錯，但從網際網路取得正確的加密金鑰，實際取決於 DNS 可靠地將網域名稱對應到 IP 位址，某些情況下，DNS 也會受到詐欺而將網際網路流量從合法伺服器導到駭客控制的 IP 位址，如果駭客可以偽造網域，就能發行自己的加密金鑰，受害者根本不會查覺。

CA 的存在可以防止偽造的加密流量，就算駭客能夠將流量從合法（安全）的網站導向他所控制的惡意伺服器，也不見得擁有與合法網站的憑證相對應之解密金鑰，也就是說，駭客就算能攔截由憑證攜帶的加密金鑰所加密之流量，也沒有私鑰可以解密。

另一方面，駭客若提供他擁有解密金鑰的憑證來替代真正的憑證，該憑證將無法通過 CA 驗證，瀏覽器拜訪此偽造的網站時，會警告使用者此網站並不安全，強烈建議使用者不要進入該網站。

透過這種方式，CA 能夠讓使用者信任他們所瀏覽的網站，想查看所瀏覽網站使用之憑證內容，可以點擊瀏覽器網址列上的掛鎖圖示，雖然這些資訊不是那麼容易判讀，但是當憑證無效時，瀏覽器會盡責地提出警告。

取得數位憑證

想從 CA 取得網站所需的憑證，需要經過幾個步驟，CA 才能確認你擁有網站使用的網域，至於每個步驟的執行細節會因 CA 而不同。

首先是產生一對金鑰，這是一支含隨機產生的公鑰與私鑰之小型檔案，接著利用此金鑰對產生帶有網站的網域名稱和公鑰之*憑證簽章請求*（*CSR*）檔，並將此請求檔上傳給 CA，在授予簽章請求並簽發憑證之前，CA 會要求你證明確實擁有 CSR 所攜帶的網域，一旦確認你擁有該網域後，你可以下載憑證，並將它與金鑰對一併安裝在 Web 伺服器上。

產生金鑰對和憑證簽章請求

一般都是用命令列工具「*openssl*」產生金鑰對和 CSR，CSR 除網域名稱和公鑰外，可能還會包含申請機構的其他資訊，例如組織名稱和地理位置，而這些資訊最後也會帶入簽章後的憑證中，不過，除非 CA 選擇要驗證這些資訊，否則不提供也沒關係。在產生簽章請求過程中，基於慣例，網域名稱通常被稱為*特異名稱*（*DN*）或*完整網域名稱*（*FQDN*）。清單 13-1 是使用 openssl 產生 CSR 的命令。

```
openssl req -new -key ./private.key -out ./request.csr
```

清單 13-1：使用命令列工具 openssl 產生憑證簽章請求檔

「*private.key*」檔是事先產生的私鑰（也可以使用 `openssl` 產生），當執行清單 13-1 的命令後，openssl 會要求使用者提供包括網域名稱在內的詳細資訊，以便將它們包進簽章請求中。

網域驗證

當某機構申請網域憑證時，網域驗證就是 CA 檢驗該機關對此網域具有控制權的過程，提出申請憑證，就表示你想要解密送到特定網域的流量，完整調查你是否擁有該網域，便是 CA 應盡職責之一。

網域驗證程序通常會要求你暫時將申請的網域加入 DNS 條目，以證明你有此 DNS 的編輯權限，經由網域驗證可以防止 DNS 偽造攻擊，除非駭客也具有 DNS 編輯權限，否則他無法成功申請憑證。

擴充驗證憑證

有些 CA 會發行擴充驗證（*EV*）憑證，它會要求申請憑證的法人提供相關驗證資訊，這些資訊也會嵌入憑證，可供使用者透過 web 瀏覽器查看內容，大型機構常會使用 EV 憑證，因為機構名稱會伴隨掛鎖圖示顯示在瀏覽器網址列，可以增強使用者對機構的信任感。

憑證過期和註銷

憑證是有使用期限的（從幾個月到幾年），到期前必須向 CA 申請重新簽發，CA 也會追蹤憑證持有者自請註銷的憑證，如果憑證及對應的私鑰遭受到危害，網站擁有者應該申請新的憑證，並註銷現行憑證。當網站的憑證過期或被註銷，使用者瀏覽網站時，瀏覽器就會發出警告。

自簽憑證

對於特殊情況（如測試環境），不一定要從 CA 取得憑證，只能由私有網段存取的網站，CA 並無法驗證其憑證的有效性，若要在這些區

域啟用 HTTPS 通訊，解決方案是產生自己的憑證，即所謂的自簽憑證（*Self-Signed Certificate*）。

像 openssl 之類的命令列工具便能輕易產生自簽憑證，瀏覽器遇到使用自簽憑證的網站時，一般會向使用者彈出安全警告：此網站的安全憑證不受信任！但使用者仍可選擇接受此風險並繼續瀏覽，為了避免使用者感到困惑，應確保他們都瞭解使用內部系統可能受到的限制，並知道如何應對此類警告訊息。

憑證費用

在以前，CA 是營利事業機構，即使在今天，申請網站憑證時，許多 CA 還是會收取一定費用。創立於美國加州的非營利組織 Let's Encrypt，自 2015 年起便開始供應免費憑證，Let's Encrypt 由 Mozilla 基金會（推動 Firefox 瀏覽器）和電子前哨基金會（Electronic Frontier Foundation，位於舊金山的非營利組織）共同創立，除非需要商業 CA 提供的擴充驗證功能，不然，也可以使用免費憑證。

安裝數位憑證

一旦擁有憑證和金鑰對，下一步就要讓 Web 伺服器改用 HTTPS 通訊，並提供憑證作為 TLS 交握的一部分，雖然處理步驟並不複雜，也有相關文件可供參考，但還是會與託管網站的供應商和使用的伺服器技術有關，這裡提供一般性的處理說明。

Web 伺服器與應用伺服器

到目前為止，筆者已介紹過 Web 伺服器的功用，它是一部接收及回答使用者請求的機器，並說明它是如何回傳靜態內容，或依照請求內容，由特定的程式提供回應結果，儘管這樣的說法並沒有錯，但多數情況，網站是與執行的應用程式成對部署。

典型的網站，前緣是提供靜態內容及執行低階 TCP 功能的 *Web* 伺服器，例如 Nginx 或 Apache HTTP Server 便是常見的 web 伺服器，它們是用 C 語言寫成的，並為 TCP 效能進行優化。

接著是位於 Web 伺服器下游的*應用伺服器*，負責執行程式和模板，為網站產製動態內容，許多程式語言都有對應的應用伺服器，以 Java 開發的網站，可能會選用 Tomcat 或 Jetty 作為應用伺服器；Ruby on Rails 網站則有 Puma 或 Unicorn；Python 網站可選擇 Django、Flask 或 Tornado。

人們常將 web 伺服器和應用伺服器混為一談，Web 開發人員就常將他們使用的應用伺服器稱為「Web 伺服器」，因為他們花大部分時間為這個環境撰寫程式，事實上，也可以完全使用應用伺服器架設網站，儘管效能略差，但應用伺服器還是能處理 Web 伺服器的所有任務。例如，Web 開發人員在自己的電腦上撰寫和測試程式時，就是採用這種架構。

設定 Web 伺服器使用 HTTPS

絕大部分是將憑證和加密金鑰部署在 Web 伺服器，它們處理 TCP 通訊的效能比應用伺服器更高，要將 Wcb 伺服器從 HTTP 改用 HTTPS，需要更改 Web 伺服器的組態，以便接收標準 HTTPS 端口（443）的流量，並指定建立 TLS 連線的憑證和金鑰對之位置。清單 13-2 顯示如何在 Nginx Web 伺服器的組態檔案設定憑證及金鑰對。

```
server {
    listen                 443 ssl;
    server_name            www.example.com;
    ssl_certificate        www.example.com.crt;
    ssl_certificate_key www.example.com.key;
    ssl_protocols          TLSv1.2 TLSv1.3;
    ssl_ciphers            HIGH:!aNULL:!MD5;
}
```

清單 13-2：憑證（www_example_com.crt）和金鑰對（www_example_com.key）在 Nginx 組態檔裡的位置

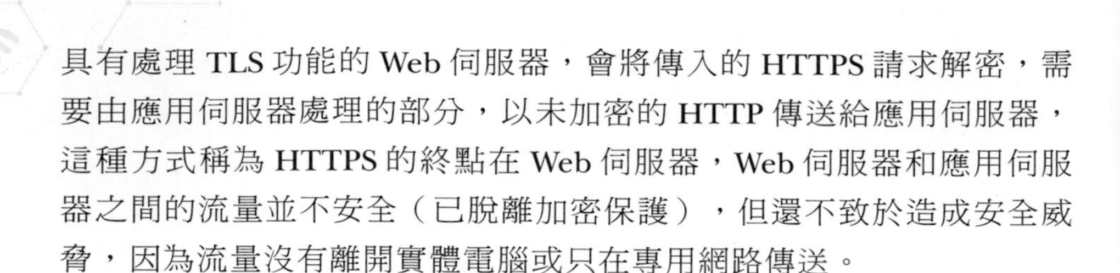

具有處理 TLS 功能的 Web 伺服器，會將傳入的 HTTPS 請求解密，需要由應用伺服器處理的部分，以未加密的 HTTP 傳送給應用伺服器，這種方式稱為 HTTPS 的終點在 Web 伺服器，Web 伺服器和應用伺服器之間的流量並不安全（已脫離加密保護），但還不致於造成安全威脅，因為流量沒有離開實體電腦或只在專用網路傳送。

HTTP 怎麼辦？

要讓 Web 伺服器偵聽端口 443 的 HTTPS 請求，需要稍為修改組態檔內容，還要決定 Web 伺服器如何處理 HTTP 端口（80）的未加密流量，一般是指示 Web 伺服器將不安全的流量重導到的安全 URL，例如：使用者瀏覽 *http://www.example.com/page/123*，Web 伺服器就回應 HTTP 301，通知瀏覽器重新指向 *https://www.example.com/page/123*。經過 TLS 交握協商後，瀏覽器就知道向端口 443 發出相同的請求，清單 13-3 是 Nginx Web 伺服器將所有對端口 80 的請求導向端口 443 的組態範例。

```
server {
    listen 80 default_server;
    server_name _;
    return 301 https://$host$request_uri;
}
```

清單 13-3：Nginx Web 伺服器將所有 HTTP 重導向至 HTTPS

HTTP 強制傳輸安全原則

網站已經設置成與瀏覽器安全通訊，瀏覽器使用 HTTP 的請求都會被重導向 HTTPS，還有一個漏洞需要處理，確保初始的 HTTP 連線階段不會傳送機敏資料。

當瀏覽器存取之前拜訪過的網站時，會將網站之前提供的 Cookie 內容，透過請求的 Cookie 標頭回送，如果和網站的初始連線是使用 HTTP，就算隨後的請求和回應升級為 HTTPS，一開始的 Cookie 資訊還是以不安全的方式傳遞。

網站應藉由 *HTTP* 強制傳輸安全（*HSTS*）原則，命令瀏覽器只能以 HTTPS 傳送 Cookie，只要在回應中設定「`Strict-Transport-Security`」標頭就可以達成要求，當瀏覽器遇到此標頭就會只使用 HTTPS 和網站連線，就算使用者輸入 HTTP 位址（如 *http://www.example.com*），瀏覽器也會自動切換為 HTTPS，如此便能防止 Cookie 在初始連線時被竊聽。清單 13-4 是 Nginx 設定 `Strict-Transport-Security` 標頭的範例。

```
server {
    add_header Strict-Transport-Security "max-age=31536000" always;
}
```

清單 13-4：在 Nginx 設定 HTTP 強制傳輸安全

瀏覽器會記住未逾 `max-age` 指定的秒數前，不要以 HTTP 發送任何 Cookie，隨後，只要網站再次發送此標頭，便會重新計時。

攻擊 HTTP 和 HTTPS

到這個節骨眼兒，讀者可能會問：若不使用 HTTPS，最糟糕情況是什麼？嗯！筆者還沒有真正提到駭客如何攻擊未加密的 HTTP，就利用一些篇幅說明一下。在網際網路使用弱加密或未加密的方式通訊，可能遭受中間人攻擊，讓駭客從中竄改或竊聽通訊內容。底下介紹一些最近來自駭客、網際網路服務供應商（*ISP*）和政府機關所遇到的例子。

無線路由器

無線路由器是最常被駭客用來作為執行中間人攻擊的目標，大多數路由器都是使用 Linux 的準系統，能夠將使用者的流量與該地區的 ISP 搭上線，路由器本身也提供一組簡易的組態設定界面，對駭客而言，它是一個完美的目標，這類準系統大多不會進行漏洞修補，又有擁有廣大用戶。

在 2018 年 5 月，思科的資安人員發現一半以上的 Linksys 和 Netgear 路由器感染了 *VPNFilter* 的惡意軟體，它會監聽流經路由器的 HTTP 封包，這表示某位駭客可能正在竊取帳號密碼和其他機敏資料，據猜測，此駭客和俄羅斯政府有關，VPNFilter 甚至嘗試執行降級攻擊，干擾知名網站的 TLS 初始化交握過程，使得瀏覽器選用強度較弱的加密套件或完全不加密。

若網站強制使用 HTTPS 通訊便不受此攻擊影響，因為除接收方外，沒有其他人能夠窺探 HTTPS 流量的內容，至於其他網站的流量就可能被駭客攔截而造成機密外洩！

Wi-Fi 熱點

一種不需太高深技術就能發動中間人攻擊的手法，就是在公共場所架設一部簡易 Wi-Fi 基地台（或稱熱點）。應該很少有人去注意個人行動設備所連線的 Wi-Fi 熱點之名稱，因此，駭客可以在咖啡廳或飯店等公共場所設置熱點，然後等待粗心的使用者上勾，之後，TCP 流量會先通過駭客的設備再流向 ISP，駭客便能將這些流量保存下來做後續整理，以便從中提汲機敏內容，例如信用卡號或帳號密碼。

當駭客收拾熱點離開，此時受害者的設備與網際網路斷線，受害者才會發現連線異常，而加密流量則能化解這類攻擊，駭客就算收集到封包，也沒有解開 TLS 加密的金鑰，自然無法讀取加密流量的內容。

網際網路服務供應商

ISP 協助個人和企業的設備連接到網際網路骨幹上，鑑於它轉送的資料可能具有機敏性，必須是一個可高度信任的轉運站，讀者或許認為企業信用會讓它們不敢竊聽或干擾 HTTP 流量，然而，像 Comcast 這類公司（美國最大的 ISP 之一）卻非你所想的，該公司將 JavaScript 廣告注入流經其伺服器的 HTTP 流量，而且幹了好幾年。Comcast 卻聲稱這是一種服務（多數廣告是通知使用者已耗掉當月多少額度），但是數位權利運動人士認為，這種行為根本就像郵差將廣告信偷塞入密封的信箴裡一樣。

網站啟用 HTTPS 通訊，ISP 無法得知每個請求和回應的內容，便能避免這類竄改情形。

政府機構

指控政府機構偷窺你的網際網路流量，可能會被看作陰謀論，但大量證據顯示確有其事，美國國家安全局（NSA）早已利用中間人攻擊進行網路監聽，NSA 的前外包技術員愛德華·斯諾登（Edward Snowden）所洩漏的內部文件，提到 NSA 如何窺探巴西國營石油公司 Petrobras：*NSA 取得 Google 網站的數位憑證，利用它架設外觀極為相似的網站，從網站收集使用者身分憑證後，再將流量轉送給 Google*。我們真的不知道這個計畫牽涉的程度有多大，但想起來就令人毛骨悚然！

（希望有政府機關的人會看到這段文字，真的！這項計畫立意良善，可以維護我們的安全，筆者全力支持。）

小結

ENCRYPTION

應該使用 HTTPS，確保 Web 瀏覽器與網站能夠隱密通訊，不會被竊聽或竄改，HTTPS 是透過 TLS 來傳輸 HTTP 流量，當瀏覽器和 Web 伺服器參與 TLS 交握時，就會啟動 TLS 通訊，在 TLS 交握期間，瀏覽器會提出它能夠支援的加密套件清單，每組加密套件都包含一個金鑰交換演算法、一個對稱式加密演算法和一個信息鑑別演算法，而 Web 伺服器會從瀏覽器提供的加密套件清單中，選擇一項它能支援的加密套件，並將伺服器的憑證回送給瀏覽器。

然後，瀏覽器使用附加在憑證上的公鑰，利用金鑰交換演算法對隨機產生的 TLS 密鑰加密再傳送給 Web 伺服器。當雙方都擁有共同的密鑰，此密鑰將做為之後往來信息的對稱式加密演算法之加密 / 解密金鑰。至於每個資料封包的真實性將使用信息鑑別碼演算法進行驗證。

憑證由 CA 簽發，在簽發憑證之前，會要求申請者證明擁有所選用的網域，由 CA 作為瀏覽器和網站之間的受信任第三方，可以防止駭客利用偽造憑證架設詐欺性網站。

取得網站的憑證後，就可以透過 HTTPS 提供內容給使用者，亦即，要將 Web 伺服器設定成可接受端口 443 的流量，並告訴它從何處找到憑證和對應的解密金鑰，以及將端口 80 的 HTTP 請求重導到端口 443 的 HTTPS 流量。最後，要設定 HSTS 原則，指示瀏覽器在未使用 HTTPS 之前，不要以 HTTP 方式傳送機敏資料（如 session Cookie）。

隨著舊的演算法遭破解或發現漏洞，加密標準也一直不斷研發和增強，請適時升級 Web 伺服器，確保使用最新（較安全）的加密套件。

Web 伺服器雖然需要維持在最新狀態，更應該廣泛地研究如何測試、保護和管理網站使用的任何第三方元件。下一章就來談談這一部分！

THIRD-PARTY CODE

14 第三方元件

THIRD-PARTY CODE

現在已經沒有人從頭開始建構軟體，至少 Web 開發人員就不會這樣做，支撐網站服務的大量程式碼（從作業系統到 Web 伺服器，再到開發用的程式語言庫）都是別人開發的，那要如何管理他人程式裡的漏洞呢？

駭客通常以知名軟體的已知漏洞作為攻擊目標，保護第三方程式碼就成了重要任務，對於駭客而言，與其挑選特定網站，然後去挖掘它有哪些漏洞，還不如直接掃描網路上使用不安全的 WordPress 站台，後者顯然更有效率，因此，有必要隨時修補安全程式，讓系統維持在最新狀態，以避免被惡意掃描發現漏洞。

本章將討論三種維護第三方元件安全的方法，讀者會學習到如何在元件的安全警示公告之前，就能超前部署。接下來探討正確設置第三方元件的重要性，避免在無意間為駭客留下可利用的後門。最後是有關第三方服務的安全風險，第三方服務是指程式在別人家執行，再由你的 Web 伺服器去呼叫，或者利用 JavaScript 匯入到你的網頁中執行，特別是，讀者會看到利用網頁廣告部署惡意軟體的駭人手段，即所謂的惡意廣告（*malvertising*）手法，也會介紹網站含有廣告時保護使用者的方法。

第三方元件的安全性

OpenSSL 這套開源的 C 函式庫，是大多數 Linux 和其他作業系統實作 TLS 的基礎，在 2014 年 4 月，此函式庫開發者揭露它存在 Heartbleed 漏洞，利用多次超讀緩衝區的內容，可以取得伺服器的記憶體裡之大量內容，進而從中擷取加密金鑰、帳號、密碼和其他機敏資料，Apache 和 Nginx 這兩套最有名的 Web 伺服器也使用 OpenSSL 確保通訊的安全，AVG 公司的研究人員估計，一夜之間至少能找出 50 萬部有漏洞的網站，由於受影響的網站數量極多，Heartbleed 漏洞堪稱史上最危險的錯蟲（bug）。

就在漏洞披露的同一天，開發者也釋出修補程式，但幾個月過去了，網際網路上仍然有許多 Web 伺服器未完成修補，未完成修補的 Web 伺服器將面臨危機，駭客有的是時間尋找攻擊此漏洞的最佳方法，因為可攻擊的網站減少了，使得未修補的 Web 伺服器更容易成為獵殺目標。

網站多多少少都會使用第三方程式，所有第三方元件（即使由安全專家撰寫，如 OpenSSL）也可能出現安全問題，想要在漏洞攻擊發生之前就具有防禦能力，最佳實務就是第一手得知漏洞訊息，並立即著手相關防禦工事，這涉及三方面：充分掌握使用的第三方元件、能夠快速更新元件版本依賴，以及對使用的元件保持高度安全警覺。底下就分項討論。

掌握第三方元件的內涵

保護第三方元件的第一步是瞭解它們的功用是什麼，乍聽似乎很有道理，但近代應用系統的功能包羅萬象，而且採分層設計，方便開發過程可以輕易加入其他程式庫，只要引用的元件一多，日子久了，可能會忘了用到哪些元件，我們應使用工具來管理元件的依賴關係。

第三方元件的管理工具

多數程式語言的開發環境都帶有元件的依賴管理員，可允許開發團隊透過組態檔指定第三方依賴，組態檔裡所指定的程式庫會在建構過程中，依需要自動被下載，依賴管理員可以簡化元件取得，以及在新環境（例如部署到伺服器）重新建構軟體系統的手續。

為了確切明白所運行的每個元件之版本，應該養成在元件清單裡為每個項目清楚標示版本號碼（版號）的習慣，元件的套件包可能放置於網際網路遠端的依賴管理系統貯庫裡，當套件包作者發行新版本時，會以新版號將套件包加到貯庫裡。預設情況，多數依賴管理員在第一次執行建構程序時，會從貯庫裡抓取最新版本的元件，在開發過程，使用最新版本是明智的作法，但對於正式發行的系統，組態檔中應該明確標示元件的版號，安全公告會披露哪些版本的元件存在漏洞，系統環境裡的明確版本標示，可以讓管理者明瞭哪些元件需要修補。

同樣要注意，你使用的元件也可能依賴其他元件，元件依賴管理員也會協助取得這些再依賴的套件包，依賴其他元件就會存在分支關係，因此，需要討論依賴關係樹，評估安全風險時，務必考慮整個依賴關係樹，依賴管理員應該能夠輸出整顆樹（包括元件所依賴的元件）。清單 14-1 是 Node.js 專案的依賴關係樹，可看出主程式依賴的 @blueprintjs/core 程式庫，還依賴 popper.js 程式庫。

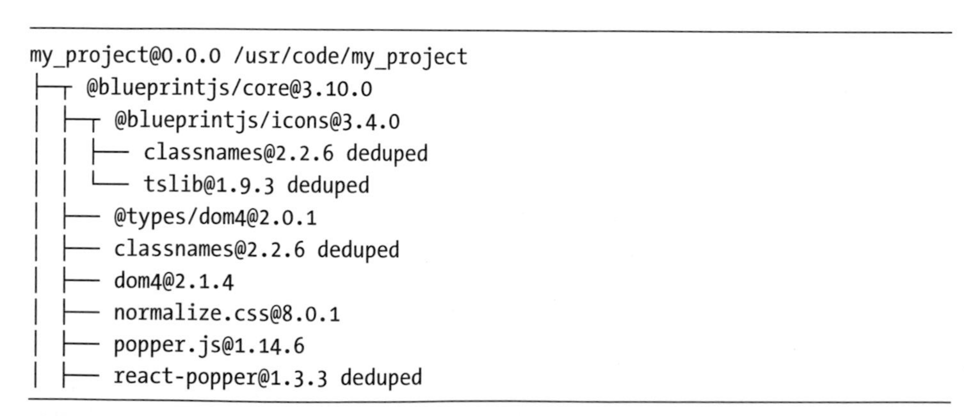

```
my_project@0.0.0 /usr/code/my_project
├─┬ @blueprintjs/core@3.10.0
│ ├─┬ @blueprintjs/icons@3.4.0
│ │ ├── classnames@2.2.6 deduped
│ │ └── tslib@1.9.3 deduped
│ ├── @types/dom4@2.0.1
│ ├── classnames@2.2.6 deduped
│ ├── dom4@2.1.4
│ ├── normalize.css@8.0.1
│ ├── popper.js@1.14.6
│ ├── react-popper@1.3.3 deduped
```

清單 14-1：利用 npm 命令列出 Node 套件管理員裡的完整依賴關係樹

修補作業系統弱點

除了追蹤程式的依賴關係外，也該注意安裝在作業系統層級的軟體套件，作業系統廠商（如 Red Hat 和 Microsoft）經常發布安全修補程式，應該隨時追蹤所使用的每個作業系統之套件版本，並制定伺服器升級策略。

如果伺服器是部署在自家的機房裡，機構可能有專門的系統管理員來負責伺服器的升級及修補；如果是在雲端（如 Amazon EC2）的虛擬伺服器執行系統，則應該定期更新所部署的作業系統；同樣，使用 Docker 容器部署是追蹤作業系統套件的不錯方法，因為，Docker 組態檔會明確列出容器實例化時所需安裝的軟體。

檢查完整性

最後，還需要確保運行的程式碼是和你想像的一致，在這裡，就能藉用依賴管理員和修補工具的力量，它們使用校驗和（*checksum*）確保套件包在交付過程中不會被破壞或竄改，當元件上傳到貯庫時會計算其校驗和，作為元件的數位指紋，下載元件後，可以利用數位指紋來驗證重新計算後的校驗和，將 JavaScript 程式碼和其他資源部署到瀏覽器時，也可以利用類似機制提供完整性保證。

瀏覽器允許在 HTML 的 `<script>` 和 `<style>` 標籤中加入附屬資源完整性檢查，在建構過程中，應該為用戶端匯入的每個資源檔產生一份校驗和，並將該校驗和指定給每個匯入資訊的標籤之「`integrity`」屬性。清單 14-2 是使用 `openssl` 產生校驗和的語法。

```
cat FILENAME.js | openssl dgst -sha384 -binary | openssl base64 -A
```

清單 14-2：在 Unix 中將 JavaScript 檔 FILENAME.js 經由管線（pipe）傳遞給 openssl 產生雜湊值並以 Base64 進行編碼，作為該檔案校驗和

瀏覽器在匯入程式碼之前，會將腳本與預期的校驗和進行比較，驗證彼此是否相符，這讓可存取伺服器的駭客很難用惡意程式碼替換 JavaScript，因為他們還必須能夠修改 <script> 標籤，如清單 14-3。

```
<script src="https://example.com/example-framework.js"
        integrity="sha384-oqVuAfXRKap7fdgcCY5uykM6+R9GqQ8K/uxy9rx7HNQlG"
        crossorigin="anonymous"></script>
```

清單 14-3：利用將檔案的校驗和加到匯入腳本的 HTML 標籤之 integrity 屬性，確保匯入的 JavaScript 檔之完整性

盡速部署新版本

為了因應安全問題的要求，必須要能夠快速修補程式，亦即，需要井然有序又自動化的發行程序，有關發行程序，在第 5 章已提過應該要可靠、可重現和可復原，而發行應該與源碼控制系統裡的程式碼分支緊密相依，依賴管理員使用的組態檔也應該交由源碼控制系統保管，以便追蹤每個發行版本所依賴的第三方元件之版本。

一般採用隔離手段來修補第三方元件，亦即，升級元件版本，但不需要重新修改及發行自己開發的部分，但就算只是升級應用系統的第三方元件，仍然要對網站進行回歸測試（*regression*），也就是要確保第三方元件升級不會破壞網站的應有功能。若執行單元測試的覆蓋率夠高，就能更有規則地執行回歸測試，當單元測試能執行到的程式碼越多，需要手動測試的部分就越少，花些時間撰寫良好的單元測試腳本，可以更快、更容易完成漏洞修補作業。

隨時注意安全問題

謹慎管理第三方元件和擁有可靠的發行程序，就能為使用的元件帶來不錯的安全防護，當安全問題被披露時，最後一塊拼圖早就在手上了。多虧網際網路，我們有許多管道可以追蹤安全問題。

社交媒體

藉由 Hacker News（*https://news.ycombinator.com/*）和 Twitter、Reddit 之類的社群平台和新聞網站，安全公告很快就傳播開來了，這些網站是最快取得安全新聞的途徑，大型軟體漏洞會在 https://www.reddit.com/r/programming/ 和 /r/technology 的分類看板討論，也會出現在 Hacker News 的首頁上。

如果肯花時間追蹤 Twitter 上的技術專家和軟體作者，會發現最新的安全議題常是他們討論的重點，這是與軟體界保持同步的另一條途逕。

郵遞論壇和部落格

程式語言也有發布重要新聞的郵遞論壇（mailing list）和頻道，例如，Python 軟體基金會（Python Software Foundation）會定期發布週報，並擁有自己的 Slack 頻道，記得要訂閱感興趣的技術內容。

網路上還有許多關於資訊安全的部落格，像 Brian Krebs 和 Bruce Schneier 就有最新的安全問題評論可資參考。
Brian Krebs 的網址：https://krebsonsecurity.com/
Bruce Schneier 的網址：https://www.schneier.com/

官方公告

關注你的網站託管商和軟體廠商的安全通報，當發生像 Heartbleed 這類重大安全問題時，託管商會通知客戶，並指導他們完成修補程序，微軟每週二（週二修補程式日）會發布新的修補程式，如果是使用微軟相關技術，建議訂閱它的通報頻道。

軟體工具

除了密切關注安全公告外，自動化工具可以協助檢查第三方元件是否存在已知漏洞，Node.js 在這方面就做得很好，像 *Node* 套件管理員（*NPM*）現在引入「`npm audit`」命令，可透過開源的漏洞資料庫交叉檢查專案的第三方元件是否有漏洞；Ruby 的類似工具是「`bundler-audit`」；至於 Java 和 .NET，開放網頁應用程式安全計畫（OWASP）也提供一支命令列工具「`dependency-check`」。將這些工具整合到建構程序，執行系統建構時就能協助檢查潛在的漏洞，讓我們能夠評估每個漏洞的風險程度。

源碼版本控制系統也能提供所需幫助，像 GitHub 會自動掃描託管在它網站上的程式碼，若發現有漏洞的元件時，它會發出安全警示。

瞭解升級時機

當然，並非所有安全問題都是相同等級！不斷升級很耗費人力及時間，因此，元件的升級或修補時機就顯得重要，尤其某些特定的安全問題，或許系統的其他因素（如防火牆）已具緩解作用，大型機構對安全問題通報都有制式的審查流程，會評定問題的優先等級，然後進行適當應變，只要經過團隊適當評估風險程度，也可以安排在下一發行版本中修正漏洞。

保護組態安全

軟體的組態也會影響安全性，對第三方元件更是如此，如果使用預設的帳密執行新安裝的資料庫，相信不久就會招來令人震撼的麻煩，駭客經常掃描網際網路上以預設組態運行的系統，他們知道許多網站管理員在安裝軟體時，為了省事並沒有修改預設組態。

若系統的組態設定不安全，不用多久，全世界就都會知道了！資訊安全顧問小組 Offensive Security 所管理的 Google Hacking 資料庫，提供大量探索不安全系統的 Google 搜尋語法，Google 的網頁爬蟲能夠為找到的網頁建立搜尋索引，並提供強大搜尋功能，例如使用 Google 搜尋「*"index of" "/etc/certs"*」網頁索引，就會發現為數眾多的 web 伺服器暴露它保管憑證的目錄，這可是重大的安全漏洞！

使用安全組態部署第三方元件，絕對是避免被駭的關鍵，安全組態包括：為服務設定強健的帳密、安全地儲存組態資訊、當駭客取得系統存取權時，降低可能造成的危害。那要怎麼做呢？且看下列說明。

停用預設的身分憑據

許多軟體套件都帶有預設的身分憑據，讓初次使用的生手能輕鬆啟用。記住，將軟體部署到測試或正式環境之前，要修改或停用預設的身分憑據，如果資料庫、Web 伺服器或 CMS 是以「`admin`」（管理員）帳號部署，很快就會被網際網路的弱點掃描機器人找到。

用開放式目錄列表

Web 伺服器常有過度分享的現象，例如，舊版本的 Apache Web 伺服器會將 URL 路徑對應到檔案系統，如果 URL 省略檔案名稱，就會列出對應目錄裡的所有檔案，開放式目錄列表（*Open directory listing*）等於是邀請駭客探索你的檔案系統，允許他們搜索機敏檔案和安全金鑰，切記，要停用 Web 伺服器的目錄列表功能。清單 14-4 是停用 Apache Web 伺服器目錄列表的組態設定。

```
<Directory /var/www/>
   Options Indexes FollowSymLinks
   AllowOverride None
   Require all granted
</Directory>
```

清單 14-4：刪除組態檔的「Indexes」關鍵字，可避免 Apache 產生開放式目錄列表

保護組態資訊

Web 伺服器的組態檔可能包含資料庫連線憑據或 API 金鑰等機敏資訊，許多開發團隊會將組態檔一併儲存於源碼控制系統裡，以簡化部署，駭客若能存取源碼控制系統，一定會優先搜尋這類保有機敏資訊的檔案。資料庫連線憑據、API 金鑰、加密私鑰、數位憑證和其他有機敏性的設定資訊，一定要保管在源碼控制系統之外。

一種常見的作法是利用作業系統的環境變數記錄機敏組態，當系統啟動時，再利用環境變數的內容設定組態的初始值，而環境變數的值則可由開發人員的本機裡之組態內容來設定。

另一種作法是使用專屬的組態儲存區，亞馬遜網路服務公司（AWS）可讓你將組態內容安全地儲存在它的「Systems Manager Parameter Store（系統管理員的參數存放區）」裡；微軟的伺服器常將身分憑據儲存在 AD 裡，以便設定更細緻的使用權限。將組態內容儲存於資料庫是另一種選擇，當然，也要考慮駭客若取得資料庫存取權，有可能

獲得提權，畢竟，Web 伺服器須先擁有資料庫的連線憑據，才能從資料庫載入其餘組態內容！

以加密形式儲存是確保組態資訊安全的可靠方法之一，最好使用 AES-128 或更高等級的演算法加密，利用這種方式，駭客想要得到組態內容，必須同時拿到組態檔和解密金鑰，只要將解密金鑰和組態檔保存在不同地方，駭客就很難得手！

強化測試環境

發行前的測試環境通常會和正式環境相同，但安全保護可能就不及正式環境嚴謹，如果測試環境包含機敏資料（如從正式環境複製資料做為測試之用），就需要將測試環境的安全提升至正式環境等級。很重要的觀念，正式環境和測試環境不應該共用身分憑據或 API 金鑰，重要的是，要限縮駭客入侵測試伺服器時可能造成的損害。

強化前端管理界面的安全性

有些軟體元件會提供可透過網際網路存取的管理工具，管理界面是駭客最喜歡嘗試的目標，讀者也許遇過惡意的網路機器人，藉由探測網站是否存在「*/wp-login.php*」頁面來找出不安全的 WordPress 系統。

若不打算使用這些前端管理界面，請將它們停用。如果要用，請刪除所有預設的身分憑據，並盡可能限制可存取的來源 IP。仔細閱讀系統的技術文件，或去 Stack Overflow 尋找操作方法，Stack Overflow 的網址為：*https://stackoverflow.com/*。

現在已瞭解如何保護伺服器所需的第三方元件之安全，當整合別人伺服器上的服務時，又要如何確保自身的安全。

保護所用的服務

近代開發的 Web 程式常引用第三方服務，可能使用 Facebook 登入服務處理身分驗證、讓 Google AdSense 在你的網站投放廣告、交由 Akamai 託管靜態內容、利用 SendGrid 發送交易郵件，及委由 Stripe 處理線上支付。

要將這些服務整合到網站裡，表示會向服務供應商註冊一組帳號，由供應商提供服務存取憑據，並且需修改網站的程式碼，以便調用這些服務。此處需考量兩個安全問題，第一項，駭客會試圖竊取你的存取憑據，以便透過這些服務取得你的身分，從而挖掘有關你的網站之使用者資訊，如果是線上支付服務，甚至可以發動金融交易；第二項，任何第三方服務都可能是你的網站之潛在攻擊向量，駭客若能入侵服務供應商，就可以擴大攻擊的目標。

先從第一項安全考量開始，學習如何安全地保管服務的存取憑據。

保護 API 金鑰

完成註冊後，許多第三方服務會提供一把應用程式介面（API）金鑰，網站的程式碼呼叫服務的 API 時，必須提供此金鑰作為身分符記（token），這把 API 金鑰必須安全保管，亦即，要安全地儲存在伺服器的組態中，就像上一節的說明一樣。

某些 API 會頒發兩把 API 金鑰，其中公開金鑰可以安心地傳遞給瀏覽器，作為 JavaScript 呼叫 API 之用；私密金鑰則必須安全地保存在伺服器上，用於伺服器端呼叫私密 API 執行機敏任務，公開金鑰具有的權限通常較小，進行源碼審查時應確認這些金鑰沒有被混用！留意不要將較高權限的私鑰發送到用戶端，就算簡單地將變數名稱設為「SECRET_KEY」，也能提醒開發人員注意這些風險。

其他服務允許你產生可傳送到用戶端的臨時性符記，這些符記通常只能使用一次，也可以限制有效時間，以防止被惡意使用者濫用，當駭客重新發送相同的 HTTP 請求，嘗試重複執行操作（如重複付款），這類符記便能應付重放（*replay*）攻擊，但要注意，只有使用者已經完成身分驗證後，網站程式才可以產生臨時性符記，否則駭客可能隨時產生所需的新符記。

保護網站提供的 Webhooks

多數 API 整合是從 Web 伺服器或瀏覽器呼叫服務供應商的 API，當服務供應商需要反向呼叫時，就會要求你提供 *Webhook*（網頁掛鉤），這是由網站提供的「反向 API」，服務供應商會在發生特定事件時，向 Webhook 發送 HTTPS 請求，例如，當使用者開啟你寄送的電子郵件或支付處理系統啟動付款程序時，網站會收到來自服務供應商的 Webhook 呼叫。

由於 Webhook 的 URL 是公開的，網際網路上的任何人都可以呼叫 Webhook，並不限於服務供應商，供應商支援需憑據驗證的 Webhook 呼叫，網站程式在收到 Webhook 呼叫，準備執行相關程序之前，應驗證這些憑據是否正確。

只是一般資訊的 Webhook 呼叫，由於不含機敏資料，可能不會要求驗證憑據，駭客便能輕易欺騙這類 Webhook 功能，因此，在處理反向呼叫之前，應該適當檢查來自服務供應商的通知。

來自第三方內容的安全

嘗試在他人地盤提供通往惡意內容的途徑，是駭客喜歡要弄的手段之一，受害人可能因為信任這個網站而得到一種虛假的安全感，使用者潛意識信任瀏覽器網址列旁的掛鎖圖示，如果駭客可找到在大型公司的安全憑證下部署惡意軟體的方法，就能騙倒許多受害者去下載。

許多網站會使用 CDN 或雲端儲存服務（如 Amazon S3）來提供常用的內容，當 Web 開發人員整合這些服務時，常利用 DNS 變更網域的 IP 位址，將自己網域的流量轉向這些服務，例如，將子域（如 *subdomain.example.com*）的流量重導向到特定服務，讓第三方提供的內容可經由網站的安全憑證加密。

駭客會掃描網際網路上的 DNS，找出指向未啟用服務的 IP 位址之子網域，並嘗試接管子網域，然後，利用該 IP 位址向服務供應商註冊，利用受害者的網域建立鏈結，以便指向駭客所提供的惡意內容。

如果讀者的網站所提供的內容是託管在 CDN 或雲端儲存服務，要注意 DNS 的紀錄是指向有真實活動的 IP 位址，只有在確認服務已在你控制下啟動後才變更 DNS 紀錄，如果更換服務供應商，應立即撤銷 DNS 變更。

瞭解如何提高與服務供應商整合的安全度後，再來看看另一個威脅面向。

利用服務作為攻擊向量

第三方服務可能成為攻擊網站的惡意向量，尤其是整合到用戶端腳本的服務，從第三方網域匯入的 JavaScript 都可能存在安全風險。

以 Google Analytics 為例，要在網頁加入 Google Analytics，須向 Google 註冊一個帳號才能得到追蹤 ID，當要追蹤使用者瀏覽網頁的活動，便要在該網頁匯入外部 JavaScript，語法如清單 14-5 所示。

```
<script src="https://www.googletagmanager.com/gtag/js?id=GA_TRACKING_ID"></script>
```

清單 14-5：將 Google Analytics 功能加入網頁的語法

匯入的腳本可以讀取網頁 DOM 裡的任何內容，包括使用者鍵入的機敏資料，也能暗地裡修改 DOM 內容來誤導使用者，騙取使用者輸入其身分憑據。要在用戶端整合外部服務時，必須考慮這些風險，惡意程式碼可能來自第三方服務本身，也可能是入侵該服務的駭客所提供。（筆者聲明：Google Analytics 並未被駭客入侵，只因很多網站使用這項服務，所以拿它當例子！）

不幸的，考慮如何運行用戶端匯入的程式碼時，目前瀏覽器安全模型還不夠完善，雖然瀏覽器的 JavaScript 是在沙箱中執行，與底層作業系統隔離，無法存取磁碟上的檔案，但從不同來源匯入的 JavaScript 也是處在相同沙箱中。

HTML 標準委員會即將推出的 Web 元件規格（*https://www.webcomponents.org/*），為腳本和網頁元素定義更細緻的權限規範，然而，規格細節尚未定案和實作，開發人員還是要為網站提供明智的安全預防措施，就以目前為止最常見到的用戶端攻擊向量：惡意廣告為例，來看看如何維護用戶端整合服務的安全性。

留心惡意廣告

廣告已成現今網路的重要成員，網際網路許多內容都會利用廣告換取收入，各公司每年花在線上廣告費用總額超過 1000 億美元，廣告通常是由第三方廣告平台投放到網站上，網站擁有者（線上廣告界稱之為*發布者*）會向廣告平台訂閱，然後在網頁上畫定幾個投放廣告的區域，當瀏覽器載入網頁時，廣告平台會利用網頁所匯入的 JavaScript，在這些區域填入線上廣告。

像 Google AdSense 這類大型廣告平台，會使用分析功能來判斷發布者所提供的內容類型及瀏覽這些網頁的使用者類型，以便決定要投放哪類廣告。發布者有時會直接聯繫廣告商，或者將廣告空間掛在*交易看板*，讓欲投放廣告的商家（廣告買家）購買廣告區塊。廣告買家可能針對特定的瀏覽對象，例如*瀏覽運動鞋網站的 18-25 歲男性*，購買 1,000 次廣告投放。

雖然發布者對投放到網站上的廣告擁有控制權，但不必事先批准每則廣告。例如，Google AdSense 允許發布者封鎖某類或來自特定網域的廣告，或者對已經開始投放的廣告，在事後提出拒絕。

第三方廣告也具有安全風險，駭客經常使用廣告平台作為攻擊媒介，駭客可透過廣告平台將一支惡意軟體投放到諸多網站上，網際網路的*惡意廣告*（*malvertising*）威脅日益升高，已造成發布者和網路使用者的困擾，受到侵害的使用者逐漸脫離發布者的網站，造成發布者的信譽受損、廣告收入驟降！

避免傳遞惡意軟體

廣告裡的惡意軟體一般是透過*漏洞利用工具包*傳播的，漏洞利用工具包會先判斷瀏覽器和作業系統是否有弱點，再傳送真正的惡意程式：*載荷*（*payload*），載荷可能是一支執行重導向或鎖住瀏覽器的腳本，也可能是利用插件漏洞傳遞的病毒、勒索軟體或挖掘加密貨幣的 JavaScript。

漏洞利用工具包的開發者正與資安研究人員進行軍備競賽，為躲過檢測，駭客會利用動態產生的 URL 指向漏洞利用工具包，並且偶爾才投放一次，用以躲避免自動掃描，甚至有些工具包會檢測執行環境是否為虛擬機，再決定要不要執行任務，因為，研究人員在分析惡意程式時，經常使用虛擬機隔離有害程式。

如果你的用戶受到網站所投放的惡意軟體襲擊，會讓他們面臨危險，為了保護用戶，網站應確保僅與可信賴的廣告平台合作，將廣告投放於網頁裡的安全頁框中，並持續監控惡意廣告。

使用信譽良好的廣告平台

防範惡意廣告，廣告平台本身應該負最大責任，它們才是直接和廣告買家接觸的人，只有它們能通盤檢視這些廣告買家，從中找出惡意行為者。

到目前為止，Google 是最大的廣告平台，它讓小型發布者（如個人）透過自助式 AdSense 平台來賺取廣告費，較大型的發布者則授予存取 AdX 的權限，該平台讓發布者可以指定廣告合作夥伴，並訂定投放價格。這兩個平台都從第三方廣告網路取得廣告。

Google 的主要收益來自廣告，因此，在防範惡意廣告方面表現出色，我們應該善用這項優勢，選擇廣告平台時，應該將 AdSense 或 AdX 設為首選目標。

為了維護自身聲譽，Google 選擇不與某些類型的網站合作，例如，提供成人主題或暴力內容的網站就很難通過 AdSense 審核，對於這些廣告買家，可能要改和較小的廣告平台合作，相對的，此平台的資源較少，較無法保護網站免受惡意軟體的侵害。讀者在選擇合作的廣告平台之前，應該仔細、謹慎評估。

使用 SafeFrame 標準

將內容放置於 `<iframe>` 標籤裡，是網頁隔離第三方內容的最有效方法，由 iframe（*inline frame*）裡的網頁所載入之 JavaScript 無法存取上層網頁的 DOM，HTML5 甚至在 `<iframe>` 增加「`sandbox`」屬性，可以提供更細緻的管制，此屬性允許 iframe 設定所包含的內容能否提交 `POST` 請求或開啟新視窗。

廣告界採用一種稱為「SafeFrame」的標準，讓發布者可以指定廣告只在 iframe 內運行，SafeFrame 標準使用 `<iframe>` 標籤及 JavaScript API，讓廣告商克服 iframe 的某些固有限制，例如，API 讓廣告腳本知道框架何時顯示及配合框架變更尺寸。

廣告平台提供只顯示符合 SafeFrame 的廣告之選項，讀者應該勾選此選項，如此便能阻擋試圖干擾網頁呈現的惡意廣告腳本。

量身定作廣告偏好

多數廣告平台可讓發布者自定呈現的廣告內容類型，若使用 Google AdSense，請確保只顯示來自 Google 認證的廣告來源，為了傳播惡意軟體，駭客會購買小型或已停業的廣告源之網域。

讀者應該盤點想呈現的廣告類型，或許想封鎖「快速致富」和「多層次傳銷（俗稱老鼠會）」，或供用戶下載工具程式之類廣告。

檢查並回報可疑的廣告

利用廣告平台的儀表板，定期檢查在你的網站呈現之廣告，並回報及封鎖任何可疑的內容。請記住，廣告的目的是邀請用戶前來拜訪，使用者單純瀏覽網站，並不會算在頁面的所有廣告裡。當使用者離開網站時，記錄他所前往的 URL 也是不錯的作法，如此便能追蹤投放於網頁的廣告是否將使用者帶到可疑網站。

小結

第三方元件裡的漏洞也會對網站造成威脅，利用依賴管理員追蹤所使用的第三方元件，將元件清單交由源碼控制系統管理，並明確標示使用的元件版本；採用自動化方式建構和部署系統，當元件開發者發布安全公告時，可輕易升級第三方元件（應該包括作業系統弱點修補）；隨時關注社交平台和新聞網站的內容，及早得知發布的安全公告；應用稽核工具檢測依賴樹裡有漏洞的元件；在網頁匯入JavaScript的語法加入「`integrity`」屬性，指示瀏覽器要驗證這些檔案。

確認使用安全組態執行第三方元件，駭客能夠以簡單的Google搜尋找出不安全的元件；應停用或移除預設的身分憑據，也要禁止Web伺服器提供開放式目錄列表服務；機敏的組態內容（如資料庫連線憑據或API金鑰）不要交由源碼控制系統保管，而是將它們儲存於專用的組態儲存區，系統啟動時再載入它們；留意測試環境和前端管理界面的組態安全，它們是駭客常攻擊的目標。

小心，不要將重要的API金鑰或身分符記傳送給用戶端，要保護Webhooks不受詐欺攻擊，如果網站提供的內容是來自其他位置（如CDN或雲端儲存區），要確保駭客無法將惡意軟體放在這些系統上，並且要用網站的安全憑證保護內容。

應瞭解藉由投放在網站的廣告來傳遞惡意軟體所帶來的風險，應該與信譽良好的廣告平台合作，利用它們允許的SafeFrame標準之安全設定；定期檢查投放於網站的廣告，及時回報可疑的廣告，並將它列入黑名單。

下一章會探討與XML解析有關的漏洞，XML已成為網際網路不可或缺的一份子，也是駭客入侵網站的常見途徑之一。

XML ATTACKS

15

XML 攻擊

XML 的用途

檢驗 XML

XML 炸彈

XML 外部單元體攻擊

保護 XML 解析器

其他注意事項

小結

90 年代，網際網路高速成長，各個機構開始利用 Web 彼此分享資料，要在電腦之間分享資料，就必須使用共通的資料格式，Web 裡人類可讀的文件使用*超文本標記語言*（HTML）編排，而機器可讀的檔案則常以類似的*可擴展標記語言*（*XML*）格式儲存。

XML 可視為一種更通行的 HTML 實作，在這種標記形式裡，標籤（tag）和屬性（attribute）名稱可由文件製作者自行決定，不像 HTML 是有制式規定。清單 15-1 就是一支 XML 檔案，它使用 `<catalog>`、`<book>` 和 `<author>` 標籤描述書籍目錄。

```
<?xml version="1.0"?>
<catalog>
   <book id="7991728882998">
      <author>Sponden, Phillis</author>
      <title> 會空手道的邪惡之馬 </title>
      <genre> 青年成人小說 </genre>
      <description> 三個性格迥異的青少年，
組隊擊敗一位令人懼怕的惡棍。</description>
   </book>
   <book id="28299171927772">
      <author>Chenoworth, Dr. Sebastian</author>
      <title> 肘部醫學百科，第 12 版 </title>
      <genre> 醫學 </genre>
      <description> 全球重量級手臂專家提供的關節詳細診斷和臨床建議，適合每位關
心自己關節的人。</description>
   </book>
</catalog>
```

清單 15-1：描述書籍目錄的 XML 文件

在網路早期，這種資料格式受到大家喜愛，自數十年前起，每個瀏覽器和 Web 伺服器都已具備解析 XML 的能力，可將 XML 檔案轉換成程式物件，也因為這樣，XML 解析器成了駭客經常攻擊的目標，就算網站的應用程式用不到 XML，預設情況下，多數 Web 伺服器還是會解析 XML 資料格式。本章就來談談駭客如何攻擊 XML 解析器，以及防範這類攻擊的方法。

XML 的用途

就像 HTML 一樣，XML 將資料項封裝在標籤之間，標籤還可以巢套（nesting）其他標籤，XML 文件的製作者可以選擇有意義的標籤名稱，讓 XML 文件可以自我描述，由於 XML 可讀性很強，程式之間很適合用這種編碼格式交換資料。

XML 的用途很廣泛，用戶端軟體透過網際網路呼叫的 API 函式，就時常利用 XML 傳送請求及回應資料，網頁裡和伺服器進行非同步通訊的 JavaScript，也常使用 XML 做為資料交換格式，許多類型的應用程式（包括 Web 伺服器）的組態檔也使用 XML 格式記錄各項設定。

過去十年，某些應用程式開始改用比 XML 更合適、更簡捷的資料格式，例如，對於 JavaScript 和其他腳本語言，JSON 是更合適的資料編碼方式；而 YAML 使用有意義的縮排格式，讓它更適用於組態檔，儘管如此，Web 伺服器還是會實作 XML 解析功能，確實有必要保護 XML 解析器不受駭客攻擊。

XML 漏洞常出現在資料格式檢查過程，容筆者用一些篇幅說明格式檢查與 XML 文件解析的關係。

檢驗 XML

由於 XML 檔案的製作者可以自定文件裡使用的標籤名稱，任何讀取 XML 資料的應用程式，都需要知道標籤的意義及彼此的關係，XML 文件結構通常會有正式的描述語法，可利用此語法來驗證 XML。

解析器透過語法檔知道哪些字串是的有效的表達式，例如，某個程式語言可能規定變數名稱只能包含字母和數字，而某個運算子（如加號「+」）需要兩個輸入。

XML 有兩種主要描述文件結構的方式，一種是類似描述程式語言的巴科斯 - 諾爾形式（*BNF*）表示法之文件類型定義（*DTD*）；另一種是較新且更具描述能力的 *XML* 結構描述定義（*XSD*），其本身的語法也是利用 XML 檔描述，絕大多數的 XML 解析器都支援這兩種 XML 檢驗方式，然而，DTD 的某些特性可能讓解析器易受攻擊，這些特性是我們應關心的重點。

文件類型定義（DTD）

DTD 檔案利用指定的標籤、子標籤和期待的資料型別來描述 XML 檔的結構，清單 15-2 是一份 DTD 檔的內容，用來描述清單 15-1 裡的 `<catalog>` 和 `<book>` 標籤之預期結構。

```
<!DOCTYPE catalog [
  <!ELEMENT catalog     (book+)>
  <!ELEMENT book        (author,title,genre,description)>
  <!ENTITY  author      (#PCDATA)>
  <!ENTITY  title       (#PCDATA)>
  <!ENTITY  genre       (#PCDATA)>
  <!ENTITY  description (#PCDATA)>
  <!ATTLIST book id CDATA>
]>
```

清單 15-2：用於描述清單 15-1 XML 檔格式的 DTD 內容

上面的 DTD 指出最上層的 `<catalog>` 標籤含有零個或以上（「+」表示）的 `<book>` 標籤，每個 `<book>` 標籤都應包含 `author`、`title`、`genre` 和 `description` 標籤，以及 `id` 屬性，這些標籤和屬性的內容應該是會被解析的字元資料（`#PCDATA`）或字元資料（`CDATA`；即一般文字，而非標籤）。

XML 檔案可包含 DTD 內容（*內聯型 DTD*），讓文件能夠自我檢驗，但支援內聯 DTD 的解析器容易受到攻擊，因為，駭客可以控制上傳的 XML 文件裡之 DTD 內容，透過內聯 DTD，駭客能夠以指數型式大量消耗伺服器解析文件所需的記憶體（即 XML 炸彈）、或讀取伺服器上的檔案系統（XML 外部單元體攻擊）。來看看這些攻擊的作法。

XML 炸彈

*XML 炸彈*利用內聯 DTD 讓 XML 解析器大量消耗記憶體，當伺服器的記憶體耗盡，就無法提供網路服務，形同斷線（offline）。

XML 炸彈是利用 DTD 的內部單元體宣告（*internal entity declaration*），解析 XML 文件時再展開字串巨集的內容。如果 XML 文件會一再出現相同的字串，可以在 DTD 裡將這些字串宣告成內部單元體，就不必在文件裡重複輸入這些字串，使用簡短的單元體名稱來代替即可。清單 15-3 裡的員工資料會一再出現公司名稱，因此，在 DTD 裡利用內部單元體宣告公司名稱。

```
<?xml version="1.0"?>
<!DOCTYPE employees [
  <!ELEMENT employees (employee)*>
  <!ELEMENT employee (#PCDATA)>
  <!ENTITY company "Rock and Gravel Company"❶>
]>
<employees>
  <employee>
    Fred Flintstone, &company;❷
  </employee>
  <employee>
    Barney Rubble, &company;❸
  </employee>
</employees>
```

清單 15-3：在 DTD 利用內部單元體宣告公司名稱

❷及❸處的「&company;」單元體是「Rock and Gravel Company」❶字串的佔位符，當解析文件時，解析器會用「Rock and Gravel Company」取代所有「&company;」單元體，最後產生清單 15-4 的文件。

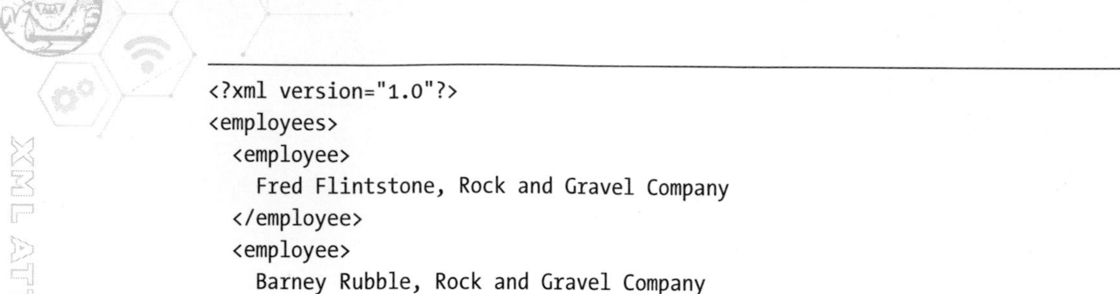


```
<?xml version="1.0"?>
<employees>
  <employee>
    Fred Flintstone, Rock and Gravel Company
  </employee>
  <employee>
    Barney Rubble, Rock and Gravel Company
  </employee>
</employees>
```

清單 15-4：解析器處理 DTD 之後的 XML 文件

雖然用到的機會不多，但內部單元體宣告是很實用的功能。當內部單元體宣告又引用其他內部單元體宣告時，就會出現問題。清單 15-5 是構成 XML 炸彈的一連串巢套單元體宣告。

```
<?xml version="1.0"?>
<!DOCTYPE lolz [
  <!ENTITY lol "lol">
  <!ENTITY lol1 "&lol;&lol;&lol;&lol;&lol;&lol;&lol;&lol;&lol;&lol;">
  <!ENTITY lol2 "&lol1;&lol1;&lol1;&lol1;&lol1;&lol1;&lol1;&lol1;&lol1;&lol1;">
  <!ENTITY lol3 "&lol2;&lol2;&lol2;&lol2;&lol2;&lol2;&lol2;&lol2;&lol2;&lol2;">
  <!ENTITY lol4 "&lol3;&lol3;&lol3;&lol3;&lol3;&lol3;&lol3;&lol3;&lol3;&lol3;">
  <!ENTITY lol5 "&lol4;&lol4;&lol4;&lol4;&lol4;&lol4;&lol4;&lol4;&lol4;&lol4;">
  <!ENTITY lol6 "&lol5;&lol5;&lol5;&lol5;&lol5;&lol5;&lol5;&lol5;&lol5;&lol5;">
  <!ENTITY lol7 "&lol6;&lol6;&lol6;&lol6;&lol6;&lol6;&lol6;&lol6;&lol6;&lol6;">
  <!ENTITY lol8 "&lol7;&lol7;&lol7;&lol7;&lol7;&lol7;&lol7;&lol7;&lol7;&lol7;">
  <!ENTITY lol9 "&lol8;&lol8;&lol8;&lol8;&lol8;&lol8;&lol8;&lol8;&lol8;&lol8;">
]>
<lolz>&lol9;</lolz>
```

清單 15-5：被稱為「十億個笑聲」的 XML 炸彈攻擊

解析上面的 XML 文件後，「`&lol9;`」被取代成 10 個「`&lol8;`」；每個「`&lol8;`」又被取代成 10 個「`&lol7;`」；依此類推，最終「`&lol9;`」變成 10 億個「`&lol;`」單元體，而每個「`&lol;`」單元體等同字串「`lol`」，所以完全展開 DTD 後，XML 文件會由 10 億個「`lol`」字串組合而成，此簡單的 XML 檔約佔用 3GB 的記憶體，在 2008 年，已足以讓 XML 解析器當機！

耗盡 XML 解析器可用的記憶體，會讓 Web 伺服器無法再提供服務，相當於斷線，因此，XML 炸彈是駭客發動阻斷服務（DoS）攻擊的有效方法，只要網站存在接受 XML 檔上傳的 URL，就能輕易讓伺服器斷線。

接受內聯 DTD 的 XML 解析器還有一個更難纏的漏洞，這種攻擊以不同方式利用單元體宣告。

XML 外部單元體攻擊

DTD 可以包含來自外部的檔案內容，如果 XML 解析器會處理內聯 DTD，駭客能夠利用外部單元體宣告來瀏覽伺服器的檔案系統或觸發 Web 伺服器發出網路請求。

清單 15-6 是典型的外部單元體範例。

```
<?xml version="1.0" standalone="no"?>
<!DOCTYPE copyright [
  <!ELEMENT copyright (#PCDATA)>
  <!ENTITY copy PUBLIC "http://www.w3.org/xmlspec/copyright.xml"❶>
]>
<copyright>&copy;❷ </copyright>
```

清單 15-6：利用外部單元體在 XML 檔中引入版權宣告的樣板文字

根據 XML 1.0 規格，解析器應該會讀取外部單元體宣告的檔案之內容，用以取代 XML 文件裡引用它的外部單元體，以清單 15-6 的例子，位於 *http://www.w3.org/xmlspec/copyright.xml* ❶ 的資料將取代 XML 文件裡的「©」單元體 ❷。

外部單元體可以參照各種網路協定的 URL，網路協定類型由前綴字串決定，上面例子的 DTD 是使用「*http://*」前綴，所以解析器會發出 HTTP 請求。XML 規格也支援透過「*file://*」前綴讀取本機磁碟上的檔案，由此可知，外部單元體宣告是多麼危險。

駭客如何利用外部單元體

當 XML 解析器拋出錯誤時，錯誤訊息通常會包含要解析的 XML 文件內容，駭客就利用這一點來讀取伺服器上的檔案，例如，刻意製作含有檔案參照的 XML 檔案，像參照 Linux 系統的「*file://etc/passwd*」，解析器將此外部檔案插入 XML 文件時，發覺格式不正確，造成解析失敗，便將檔案內容忠實地呈現於回應的錯誤訊息裡，駭客從錯誤訊息得知檔案裡的機敏資料，駭客利用這種技術讀取有漏洞的 Web 伺服器上之檔案，進而竊取系統裡的帳號密碼和其他機密資訊。

外部單元體也可以執行伺服器端請求偽造（*SSRF*）攻擊，讓駭客從你的 web 伺服器觸發惡意的 HTTP 請求。若沒有嚴謹設置 XML 解析器，當外部單元體宣告有效的 URL 時，Web 伺服器會忠實地發出網路請求。能夠欺騙 Web 伺服器發送駭客指定的 URL 請求，對駭客而言是莫大福音！可利用這項功能進行內部網路探測、對第三方發起阻斷服務攻擊及暗地裡呼叫惡意 URL，有關 SSRF 攻擊的更多資訊將在下一章介紹。

保護 XML 解析器

只要停用內聯式 DTD 的處理功能，就能保護解析器不受 XML 攻擊。DTD 是一種舊技術，內聯式 DTD 更是不良的作法，實際上，近代 XML 解析器已強化這方面的保護，預設已停用可能讓解析器受到攻擊的功能，除非開發人員故意啟用這些功能，不然，應用系統應該已受到保護，如果不放心，請仔細檢查所使用的 XML 解析技術。

接下來的小節將說明主要的 Web 程式語言如何保護 XML 解析器，就算你認為程式並沒有處理 XML 解析，第三方元件也可能以某種形式應用 XML 技術，請分析整個依賴關係樹，檢查 Web 伺服器啟動時有哪些程式庫會被載入記憶體，以確認 XML 解析器的使用情形。

Python

defusedxml 模組明確禁用內聯式 DTD，並且可以直接取代 Python 的標準 XML 解析程式，請使用此模組代替 Python 的 XML 標準解析器。

Ruby

Ruby 是使用 Nokogiri 程式庫作為 XML 的標準解析器，從 1.5.4 版以後，該程式庫已針對 XML 攻擊進行強化，應該使用 1.5.4 或以上版本來解析 XML。

Node.js

Node.js 有許多解析 XML 的模組，包括 xml2js、parse-xml 和 node-xml，多數模組並不會去處理 DTD，使用 XML 解析器前請先仔細閱讀說明文件。

Java

Java 有多種解析 XML 的方法，符合 Java 規範的解析器通常是透過 javax.xml.parsers.DocumentBuilderFactory 類別來執行解析，清單 15-7 是在類別實例化後，透過「XMLConstants.FEATURE_SECURE_PROCESSING」功能設定 XML 解析的安全性。

```
DocumentBuilderFactory factory = DocumentBuilderFactory.newInstance();
factory.setFeature(XMLConstants.FEATURE_SECURE_PROCESSING, true);
```

清單 15-7：設定安全使用 Java 的 XML 解析程式庫

.NET

.NET 的各種 XML 解析方法都包含在 System.Xml 命名空間裡，預設情況下，XmlDictionaryReader、XmlNodeReader 和 XmlReader 等方法都是安全的，而 System.Xml.Linq.XElement 和 System.Xml.Linq.XDocument 類別也是安全的，從 .NET 4.5.2 版以後，System.Xml.XmlDocument、System.Xml.XmlTextReader 和 System.Xml.XPath.XPathNavigator 也得到保護，如果使用早期的 .NET 版本，建議換成安全的解析器，或停止處理內聯式 DTD。清單 15-8 是透過設定「ProhibitDtd」屬性，停止處理內聯式 DTD。

```
XmlTextReader reader = new XmlTextReader(stream);
reader.ProhibitDtd = true;
```

清單 15-8：讓 .NET 停止處理內聯式 DTD

其他注意事項

外部單元體的威脅說明了最小權限原則的重要性，亦即，應該只授予軟體元件和程式執行任務所需的最小權限，XML 解析器幾乎不需要對外發出請求，建議完全封鎖 Web 伺服器對外發送請求，如果真有需要執行出站存取（例如伺服器端程式呼叫第三方 API），應該將這些 API 的網域列入防火牆的白名單。

同樣，也要限制 Web 伺服器存取本機磁碟上的目錄，在 Linux 上，可以將 Web 伺服器程式置於「chroot 監獄」執行，當執行程序嘗試變更工作的根目錄時，該項請求會被忽略。在 Windows 上，應該手動設定 Web 伺服器可以存取的目錄白名單。

小結

XML 是一種很靈活的資料格式，廣泛用於網際網路上交換機器可讀的資料，如果 XML 解析器可接受和處理內聯式 DTD，就很容易受到攻擊，XML 炸彈是利用內聯式 DTD，大量耗用解析器的記憶體，造成 Web 伺服器當機；XML 外部單元體攻擊會參照本機檔案或其他網路位址，可誘使解析器洩漏機敏資訊或發出惡意的網路請求。為了強化 XML 解析器的安全性，請停用內聯式 DTD 處理。

下一章的內容會涉及本章談到的概念：駭客利用 *Web* 伺服器的安全漏洞對第三方發動攻擊。就算你不是直接受害者，身為優良的網際網路公民，也要防止從你的系統發出攻擊。

DON'T BE AN ACCESSORY

16 不要成為幫兇

電子郵件詐欺

隱藏在電子郵件裡的惡意鏈結

點擊劫持

伺服器端請求偽造

殭屍網路

小結

駭客在網際網路上有很多藏身之處，也經常冒充他人身分或利用被他控制的機器（殭屍電腦）來躲避偵查，就算你的網站不是駭客的攻擊對象，也可能成為駭客攻擊他人電腦的跳板，本章將探討駭客攻擊第三方的手法。

作為網際網路的優良公民，應確保自己不會成為駭客的幫兇。實際上，被駭客用來攻擊他人系統的殭屍，其網域和 IP 位址很快就會被主要服務商列入黑名單，服務商甚至終生切斷這些設備的服務。

本章會提到一些可能讓系統成為駭客幫兇的漏洞，前兩個是和惡意郵件有關，第一種是藉用偽冒的電子郵件位址，假借他人身分發送詐欺郵件；第二種是利用網站的開放式網址重導向弱點來隱藏電子郵件裡的惡意鏈結。

第三種是將你的網頁嵌入駭客設計的頁框（<iframe>），以便執行點擊劫持（*clickjacking*）攻擊，你的網站成為欺騙受害者上鉤的誘餌，誘騙使用者點擊有害的內容，藉此變換協定（如將 https 換成 http）。

上一章已看到駭客能夠利用 XML 解析器的漏洞來觸發網路請求，假如駭客可以製作惡意的 HTTP 請求並觸發伺服器向外發送，就形成伺服器端請求偽造（*SSRF*）攻擊，本章也會介紹發動此類攻擊的常見手法及防範之道。

最後，安裝在伺服器的惡意軟體，可能讓你的系統成為殭屍網路的一員，被駭客從遠端暗地裡遙控！

電子郵件詐欺

電子郵件利用簡單郵件傳輸協定（*SMTP*）發送，SMTP 的原始設計忽略了一個重要事項，即遺漏身分驗證機制，寄信的人可以在「寄件者（From）」欄位填入任意郵件位址，收件方系統無法驗證「寄件者」的真正身分。

難怪我們會收到一大堆垃圾郵件，專家估計寄出去的電子郵件有一半屬於垃圾郵件，每天大約有 150 億封，垃圾郵件多數為無用的廣告內容，可能誤導或造成收件者困擾。

與垃圾郵件相近的是網路釣魚郵件，寄件者嘗試誘騙收件者提供個人的機敏資訊，例如帳號密碼或信用卡資訊等。一種常見的手法是，向受害者發送一封看似某個網站要他重設密碼的電子郵件，重設密碼的鏈結不僅與正常網站的網址極為相似，其所指向的偽冒網站亦與正常網站長得幾乎一模一樣。偽冒的網站替駭客獵取使用者的身分憑據，再將使用者重導到正常的網站，因此，受害者幾乎查覺不出有什麼異樣。

惡毒的釣魚攻擊是魚叉式釣魚，惡意電子郵件的內容是瞄準特定的小眾，詐欺者在發送此類郵件之前，會仔細研究詐騙對象的相關資訊，以便和受害者套交情或假冒他的同事或友人。根據 FBI 的說法，詐騙者誆稱高層主管，透過電子郵件要求另一名員工辦理電匯，這類 *CEO* 詐欺事件，2016 至 2019 年間讓駭客至少獲利 260 億美元，而這還只是受害者有向執法單位報案的部分。

幸好，郵件服務商已開發可檢測垃圾郵件和網路釣魚郵件的演算法，例如，Gmail 會掃描每封入站的電子郵件，並迅速判斷是否為合法郵件，對於可疑郵件會歸到垃圾郵件資料夾。垃圾郵件過濾系統利用各種輸入來判斷郵件的類型，包括郵件本文和主旨裡的關鍵字、電子郵件網域，以及本文裡是否存在可疑鏈結。

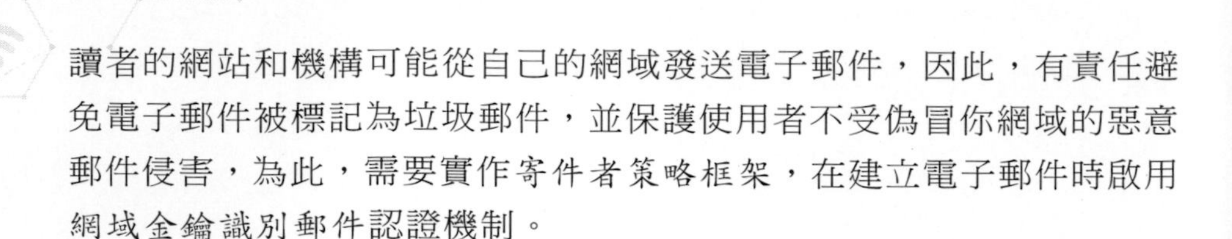

讀者的網站和機構可能從自己的網域發送電子郵件，因此，有責任避免電子郵件被標記為垃圾郵件，並保護使用者不受偽冒你網域的惡意郵件侵害，為此，需要實作寄件者策略框架，在建立電子郵件時啟用網域金鑰識別郵件認證機制。

實作寄件者策略框架

實作寄件者策略框架（*SPF*）需要將網域裡有權發送電子郵件的主機 IP 加入 DNS 的白名單中，由於 SMTP 位於 TCP 堆疊之上，駭客無法像偽造「寄件者」那般偽造電子郵件的來源 IP，將 IP 位址明確列入 DNS 紀錄的白名單，收件方系統便能向 DNS 查詢郵件是否來自可寄件的伺服器。

清單 16-1 是在 DNS 紀錄設定寄件者策略框架的範例。

```
v=spf1❶ ip4:192.0.2.0/24 ip4:198.51.100.123❷ a❸ -all❹
```

清單 16-1：為實現 SPF 機制，將一組 IP 位址範圍列入 DNS 可發送電子郵件的白名單中

SPF 的設定會加在 DNS 的 TXT 紀錄裡，在這段語法中，「`v=`」參數定義使用的 SPF 版本 ❶，「`ip4`」❷ 和「`a`」❸ 旗標是設定可替指定網域發送郵件的主機，以此例而言，允許發送郵件的主機是指定範圍的 IP 位址，以及存在此網域 A 紀錄的 IP 位址（依 `a` 旗標指示），在這筆紀錄末尾的「`-all`」旗標 ❹ 表示寄件主機若不在前述範圍者，就應拒絕該則郵件。

實作網域金鑰識別郵件

網域金鑰（*DomainKey*）可用來簽章外寄郵件，證明電子郵件是從該網域合法寄送的，且傳輸過程沒有被竄改，網域金鑰識別郵件（*DKIM*）使用公開金鑰加密技術，利用私鑰簽章從網域寄送出去的郵件，收件者能夠使用存放於 DNS 裡的公鑰來驗證郵件的簽章，僅寄件者擁有私鑰，只有他們才能產生合法簽章；郵件接收系統藉由電子郵件的內容和存放於寄件網域的公鑰重新計算簽章，如果重新計算的簽章與附加在郵件上的簽章不合，則拒絕接收此郵件。

為了實作 DKIM 機制，需要在 DNS TXT 紀錄儲存一把網域金鑰，如清單 16-2 所示。

```
k=rsa;❶ p=MIGfMA0GCSqGSIb3DQEBAQUAA4GNADCBiQKBgQDDmzRmJRQxLEuyYiyMg4suA❷
```

清單 16-2：在 DNS 中儲存一把公開的網域金鑰，對應的私鑰則與建立郵件的應用程式分享

此例中，k 表示金鑰類型 ❶，而 p 是用於重新計算簽章 ❷ 的公鑰。

保護電子郵件的實務手段

機構可能會從多個位置建立電子郵件，因使用者操作網頁而發送給使用者之電子郵件（稱為交易郵件），是由 Web 應用程式觸發，經由電子郵件服務（如 SendGrid 或 Mailgun）產生郵件；使用者手動撰寫的郵件，可能由網路郵件服務（如 Gmail 之類的 webmail）或網路裡的電子郵件伺服器（如 Microsoft Exchange 或 Postfix）發送；也可能使用郵件行銷或電子報發送服務（如 Mailchimp 或 TinyLetter）發送電子郵件。

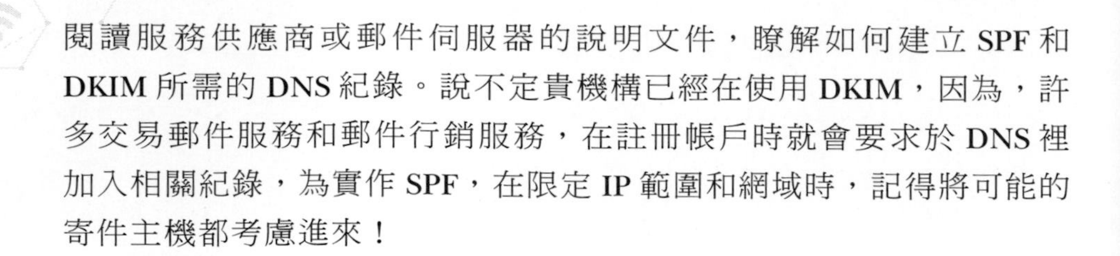

閱讀服務供應商或郵件伺服器的說明文件，瞭解如何建立 SPF 和 DKIM 所需的 DNS 紀錄。說不定貴機構已經在使用 DKIM，因為，許多交易郵件服務和郵件行銷服務，在註冊帳戶時就會要求於 DNS 裡加入相關紀錄，為實作 SPF，在限定 IP 範圍和網域時，記得將可能的寄件主機都考慮進來！

隱藏在電子郵件裡的惡意鏈結

垃圾郵件檢測演算法會從電子郵件中找出惡意鏈結，支援網路郵件服務系統更新有害網域的黑名單，掃描惡意鏈結是阻擋危險郵件的一種常見又有效的方法。

因此，詐騙者必須想出隱藏惡意鏈結的新手段，避免電子郵件被歸到垃圾郵件資料夾，其中一種方法是使用像 Bitly 的短網址服務，這類服務將正常網址編碼成較短形式，當使用者存取短網址時，再協助重導向正常網址。不過，垃圾郵件大戰不斷升級，電子郵件檢測演算法已經能夠展開短網址對應的鏈結，檢查最終目的位址是否有害。

駭客又發現一種巧妙的手法來隱藏電子郵件裡的惡意鏈結，如果 Web 網站支援開放式重導向，就可被用來掩飾網際網路上的任意 URL，類似短網址服務一樣協助駭客隱匿惡意鏈結，不僅你的使用者易受網路釣魚詐騙，從網域發送的合法郵件也容易被垃圾郵件檢測演算法列入黑名單。

開放式重導向

對於 HTTP 請求，當 Web 伺服器以 301（臨時重導向）或 302（永久重導向）回應並提供轉向網址時，瀏覽器導航至新的 URL，這便是重導向（*redirect*）。最常見的重導向應用是，將未驗證身分的使用者之存取動作轉向至網站的登入頁面，當使用者完成身分驗證後，網站通常會再執行第二次重導向，將使用者帶回原存取的 URL。

為了能執行第二次重導向，要求使用者登入時，Web 伺服器必須記住原來的 URL，一般作法是將原來的 URL 附加在通往登入頁面 URL 的參數中，若駭客可以為此參數提供任意 URL，第二次重導向會將使用者帶往另一個網站上，那就表示你的網站具有開放式重導向（*open redirect*）特性。

防範開放式重導向

多數網站並不需要重導向到外部 URL，如果網站需要在 URL 中攜帶另一個重導向 URL，以便協助使用者轉到正確網頁，請確保重導向 URL 是採用相對位址，而不是絕對位址，重導向的目標應該是在網站內，而不是網站外部。

相對位址的 URL 是以一個正斜線（/）開頭，這樣比較容易檢查，駭客或許會以看似相對位址的形式來偽裝絕對位址，設計檢查功能時應考慮到這一點。清單 16-3 是利用簡單樣板來檢查 URL 是否為相對位址格式。

```
import re
def is_relative(url):
  return re.match(r"^\/[^\/\\]"❶, url)
```

清單 16-3：使用 Python 的正則表示式檢查鏈結是否為相對位址

比對樣板 ❶ 的意義是：URL 必須以正斜線開頭，且緊隨其後的字元不得為正斜線或反斜線（\）。檢查第二個字元的目的是為防止「*//:www.google.com*」之類的 URL，因為瀏覽器會將它解釋為絕對位址，並根據目前網頁使用的協定，自動補上 *http* 或 *https*。

防止開放式重導向的另一種方法是完全避免使用 URL 參數傳送重導向 URL，如果需要在使用者登入後執行重導向，請考慮將目標 URL 儲存於 Cookie。駭客想對受害者的瀏覽器偽造轉址用的 Cookie 可沒那麼容易，這樣便能封鎖濫用鏈結的大門。

其他注意事項

某些網站確實要求使用者提交外部鏈結，例如，貴機構維運一個社交新聞網，使用者常需要發布指向外部 URL 的鏈結，請利用 *Google* 安全瀏覽 API 檢查這些外部 URL 是否為黑名單中的有害網站。

確認電子郵件和重導向功能的安全後，還必須保護你的網頁不會被嵌入他人的惡意網站裡，且來看看如何保護使用者免受點擊劫持攻擊。

點擊劫持

利用 HTML 的 <iframe> 標籤，可以在網頁（父層）裡嵌入另一張網頁（子層），子層網頁可以來自不同網域，並以被控方式混入父層網頁中，子層網頁的 JavaScript 無法存取父層網頁的內容。<iframe> 標籤常用來嵌入第三方網站的內容，OAuth 和 CAPTCHA 就經常使用這種方式保護 Cookie。

與網際網路上的任何實用功能一樣，駭客也找到惡意使用 <iframe> 標籤的方法，利用 CSS 的「z-index」屬性將網頁上的元素相互疊加，z-index 值較大的元素會壓在值較小的元素上面，且會先接收到點擊（click）事件；還可以利用「opacity」屬性設定網頁元素的視覺透明度。結合這兩種手法，駭客可以在 <iframe> 元素上方擺放一組透明的 <div>，再誘騙受害者點擊 <div> 裡的內容，讓他們以為是點到下方 <iframe> 裡的元素。

點擊劫持（*click-hijacking* 或 *clickjacking*）有很多種應用途徑，例如誘騙使用者開啟網路攝影機，好讓駭客可以從遠端監視他們。類似的變相手法是按讚劫持（*likejacking*），受害者在不知情的狀態下，被誘騙為 Facebook 上的事物按讚，在暗網銷售用於促銷目的按讚數，可以替駭客謀取可觀收入。

防範點擊劫持

管理員應確保網站不會成為點擊劫持的誘餌，大多數網頁根本不需要嵌在 <iframe> 裡，應該將這件事直接告訴瀏覽器，現在的瀏覽器都支援「Content-Security-Policy」標頭，伺服器應該在此標頭設定「frame-ancestors」屬性，如清單 16-4 所示，讓網站不會成為 <iframe> 的子輩。

```
Content-Security-Policy: frame-ancestors 'none'
```

清單 16-4：指示瀏覽器不允許此網頁被放置於 <iframe> 裡

實作此原則，明確告訴瀏覽器不要將該網頁置於 iframe 框架裡。

若網頁真的需要被置於 <iframe> 裡，應告知瀏覽器哪些網站有權使用 <iframe> 來擺放此網頁。一樣是使用「Content-Security-Policy」標頭的「frame-ancestors」屬性指定可做為父層的網站。清單 16-5 使用關鍵字「self」，表示此網頁只允許被內嵌於同一組網站的 <iframe> 裡。

```
Content-Security-Policy: frame-ancestors 'self'
```

清單 16-5：允許網頁被相同網站的 iframe 內嵌之標頭設定

最後，如果允許第三方網站內嵌你的網頁，請以白名單方式列出可執行內嵌動作的 Web 網域，如清單 16-6 所示。

```
Content-Security-Policy: frame-ancestors example.com google.com
```

清單 16-6：允許網頁被內嵌於 example.com 和 google.com 網站的 iframe 之標頭設定

相信讀者已知曉如何防制點擊劫持，接著，來看看駭客如何從你的伺服器發送惡意的網路請求。

伺服器端請求偽造

駭客會試圖隱藏執行惡意 HTTP 請求攻擊的來源，例如下一章將介紹的 DoS 攻擊，從許多不同 IP 位址發動時，更不容易被阻擋，如果 Web 伺服器具備發送 HTTP 請求功能，駭客又能控制請求的目標 URL，就很容易受到伺服器端請求偽造（SSRF）攻擊，駭客可以利用該伺服器發送惡意請求。

有些伺服器確實需要對外部發送網路請求，例如，透過 HTTPS 呼叫第三方 API 提供的 Web 服務，像是使用伺服器端 API 發送交易郵件、編製搜尋索引、將錯誤內容寫入報表系統或處理支付業務等。但是，當駭客能夠操縱伺服器呼叫的 URL 時，就會發生問題。

通常，伺服器向外部 URL 發送的 HTTP 請求，是由使用者提交給伺服器的內容組合而成，若組合過程未經適當的安全處理，就可能發生 SSRF 漏洞。駭客透過爬找網站，巡覽每個頁面，再利用駭客工具將遇到的每個 HTTP 參數換成他控制的 URL，藉以檢查該網站是否存在 SSRF 漏洞，只要偵測到任何向他所設下的陷阱 URL 所提出之請求，就知道該請求一定是從有漏洞的伺服器觸發，相信不久伺服器就會受到 SSRF 襲擊。

駭客也會檢查是否具有接受 XML 內容的網頁，嘗試以 XML 的外部單元體提交 SSRF，這一部份已在第 15 章交待過了。

防範伺服器端的請求偽造

可以從多層次保護自己免受 SSRF 攻擊。首先，也是最重要的一步，利用源碼審查找出可能產生外部 HTTP 請求的任何部分。開發人員一定知道向哪些網域執行 API 呼叫，這些網域資料應保存在組態檔或寫在程式碼裡，而不是由用戶端的使用者自行提供。善用服務供應商提供的軟體開發套件（*SDK*），是防範駭客藉由 API 呼叫執行 SSRF 的有效方法之一，多數服務供應商會免費提供這些套件。

為了資訊安全，必須遵循縱深防禦作為（以多層防護保護自己免受漏洞侵害），有必要在網路層安裝 SSRF 的防護措施，將需要存取的各個網域列入防火牆白名單，其他網域則予以封鎖，若源碼審查不夠徹底，這種手段可以提供另一層保護。

最後是藉由滲透測試來檢測系統是否存在 SSRF 漏洞，可聘請外部資安團隊查找貴機構網站的弱點，或者使用自動化工具執行弱點掃描，和駭客使用相同的工具及手法，比駭客更早一步找出網站的漏洞，如此方能取得先機。

殭屍網路

駭客一直在尋找閒置的運算能量來增強他們的攻擊力道，駭客會想辦法入侵你的伺服器，並安裝一種可從遠端控制的殭屍程式（*bot*）。由許多殭屍程式所組成的軍隊就稱為殭屍網路（*botnet*），多數殭屍網路的成員之間會使用加密協定進行通訊。

殭屍程式通常是感染筆記型電腦等一般性設備，若能夠安裝在 Web 伺服器上，價值更高，因為伺服器的運算能力比一般電腦好太多了！在暗網裡，詐騙者願意花大錢購買控制殭屍網路的權利，利用這些設備的閒置運算能力挖掘比特幣或執行點擊量作弊（Click fraud；即人為增加網頁點閱率），殭屍網路也可以用來發送垃圾郵件或執行 DoS 攻擊（下一章介紹）。

避免感染惡意程式

顯然，任誰都不願意自家的伺服器被安裝殭屍程式，第 6 章提到的命令注入和檔案上傳漏洞，都可能讓駭客有機會在伺服器上安裝殭屍程式，請確實遵循該章的建議防範前述漏洞。

此外，還要主動保護伺服器不受病毒感染，隨時注意更新防毒軟體，可協助快速發現任何類型的惡意軟體；監控對外傳送的網路流量便能找到可疑活動，被安裝殭屍程式的主機，為了尋找隊友，會定期輪詢其他 IP；考慮對 Web 伺服器定期執行完整性檢查，確保機敏目錄的內容未被竄改。

若使用虛擬化服務或容器，會有一項優勢：透過系統重建，大多可以清除已安裝的惡意軟體，定期利用乾淨的映像檔重建系統，對保護系統免受惡意程式侵害有很大幫助。

小結

透過下列手段，避免我們成為駭客攻擊其他網際網路成員的幫兇：

- 藉由 DNS 的 TXT 紀錄實作 SPF 和 DKIM 標頭，以保護所發送的電子郵件。
- 確保網站上沒有提供開放式重導向功能。
- 設定 Content-Security-Policy 回應標頭，防止網站的內容被他人嵌入 `<iframe>`。
- 落實源碼審查，確保伺服器不會受騙而發送 HTTP 請求到駭客指定的外部 URL，並以白名單限制對外部網路的存取活動，避免發生 SSRF 攻擊。
- 使用虛擬伺服器、防毒軟體或漏洞掃描工具來檢查和移除殭屍程式。

下一章將研究駭客讓 Web 伺服器斷線的暴力技術：DoS 攻擊。

DENIAL-OF-SERVICE ATTACKS

17

DoS 攻擊

DoS 攻擊的類型

降低 DoS 攻擊力道

小結

在2016年10月21日，人們一覺醒來竟發現許多平常使用的網站都無法連線，包括：Twitter、Spotify、Netflix、GitHub、Amazon和其他知名網站。原因是駭客攻擊DNS服務，大量的DNS查詢請求讓許多人使用的DNS服務商Dyn潰不成軍，花了大半天才恢復正常服務（解決問題期間又發生兩波巨大的DNS查找浪潮）。

此事件造成前所未有的斷線規模和影響（唯一可相比擬的事件是鯊魚咬穿海底電纜，造成越南有一段時間無法對外連線），這正是常見且日益危險的阻斷服務（*DoS*）攻擊之新型態。

DoS攻擊和本書提到的多數漏洞不一樣，它的攻擊目的不是入侵系統或網站，只是想讓使用者無法被服務，一般是利用大量請求來淹沒網站，將伺服器的資源耗盡，以達到攻擊目的。本章將介紹常見的DoS攻擊手法，並提供相對的防禦之道。

DoS 攻擊的類型

與發送網路請求相比，回應請求通常需要更多的處理能力。Web伺服器處理HTTP請求時，必須先解析請求內容、進行資料庫查詢、將資料寫入日誌，然後，還要將結果組合成HTML，再回傳給請求者（使用者的瀏覽代理）；而瀏覽代理只需三項資訊就能產生請求：HTTP動詞、伺服器的IP位址和請求的URL。駭客便是利用這種不對等的關係來淹沒伺服器的網路請求，讓它們無法處理合法使用者的請求。

駭客已找到不同方法，可以對網路堆疊的不同分層（不只是HTTP）發動DoS攻擊，有鑑於過往的成功經驗，相信未來還會出現更多攻擊手法。先來看看有哪些方式可以執行這類攻擊。

ICMP 攻擊

伺服器、路由器和命令列工具使用*網際網路控制訊息協定*（*ICMP*）檢查指定的網路位址之設備是否有連線（online），這個協定很簡單，將請求發送到 IP 位址，如果設備是在連線狀態，就會回送確認訊息，使用「`ping`」命令檢查伺服器是否可存取，背地裡就是使用 ICMP。

ICMP 是最簡單的網際網路協定，想當然耳，駭客一開始就會想到利用它做一些不法勾當，*ping* 氾濫（*ping flood*）是利用發送無窮盡的 ICMP 請求來淹沒伺服器，而這種手法只需要幾條程式碼就可以發動。稍微複雜的攻擊是*死亡之 ping*（*ping of death*），它會發送受損的 ICMP 封包，利用較舊的軟體無法正確檢查傳入的 ICMP 封包之邊界，造成緩衝區溢位，而使得伺服器當機。

TCP 攻擊

現今的網路卡幾乎都可以化解 ICMP 型的 DoS 攻擊，因此，駭客將攻擊對象移到網路堆疊的 TCP 上，TCP 是網際網路通訊的最主要基礎協定。

TCP 通訊是由用戶端先向伺服器發送 SYN（同步）訊息，期待伺服器回應 SYN-ACK（同步 - 確認）訊息，為了完成交握程序，用戶端收到 SYN-ACK 後，應該要回應 ACK（確認）訊息給伺服器。在不完成交握程序的狀況下，用戶端不斷向伺服器發送 SYN 訊息，造成 *SYN* 氾濫（*SYN flood*），伺服器持有大量的「半開放」（half-open）連線，最終耗盡可用的連接池，當合法用戶端嘗試連線時，伺服器已無資源可服務，只能「斷」然拒絕。

應用層的攻擊

藉由濫用 HTTP 協定對 Web 伺服器的應用層進行攻擊。*Slowloris* 會與伺服器建立許多 HTTP 連接，並定期發送 HTTP 請求的一小部分內容來維持這些連線狀態，進而佔住伺服器的連接池。*你死了嗎？*（*RUDY*）攻擊使用極大的「Content-Length」請求標頭，再以緩慢速度向伺服器發送一言難盡的 POST 請求，讓伺服器忙於讀取無意義的資料。

駭客也發現利用特定的 HTTP 端點功能讓 Web 伺服器斷線的方法，利用檔案上傳將 *zip 炸彈*傳給伺服器，讓伺服器解壓縮時耗盡可用的磁碟空間。zip 炸彈是一種不正常格式的壓縮檔，解壓縮時，體積會成指數倍增。任何會執行*反序列化*（將 HTTP 請求的內容轉換成記憶體中的程式物件）的 URL 也都可能受 DoS 攻擊，第 15 章介紹的 XML 炸彈就是其中一個例子。

反射型和放大型攻擊

要發動有效 DoS 攻擊的困難點，在於如何找到足夠的運算能量來產生惡意流量，駭客想到利用第三方服務產生巨大流量來克服此限制，將惡意請求發送給第三方主機，而將該請求的來源位址指向預定的受害伺服器，駭客藉由第三方主機*反射*（*reflect*）回應內容給受害伺服器，借由極大的網路流量，讓伺服器無法順利回應其他使用者的請求。反射型攻擊還能達到隱藏攻擊來源的效果，很難找出駭客從何處發動攻擊，若第三方服務的回應流量比原始請求更大或更多，則更大的回應流量便有*放大*（*amplify*）攻擊力道的效果。

到目前為止，其中一次大型的 DoS 攻擊就是採用反射型手段，在 2018 年就有駭客將每秒 1.3 TB 的資料量灌到 GitHub 網站，駭客假裝來自 GitHub 伺服器的 IP 位址，向大量不安全的 Memcached 伺服器發送*使用者資料流協定*（*UDP*）請求，每個回應的大小約原始請求的 50 倍，它的效果就像駭客的運算能力被放大 50 倍。

DDoS 攻擊

如果是從單個 IP 位址發動 DoS 攻擊，只要將來源 IP 列入黑名單，就能有效阻擋攻擊，近代的 DoS 攻擊（如 2018 年對 GitHub 的攻擊）就結合許多合作來源，也就是分散式阻斷服務（*DDoS*）攻擊。除了反射型攻擊外，其他攻擊幾乎是從殭屍網路發起的，殭屍網路由各種感染惡意程式的電腦和連網設備所組成，並受到駭客控制，當今有許多設備（溫度調節器、冰箱、汽車、門鈴，甚至髮梳）都已連接到網際網路，更容易出現安全漏洞，這些設備是殭屍程式可以躲藏的地方。

意外造成的 DoS 攻擊

並非所有激增的網際網路流量都是來自邪惡意圖，我們常見到網站在短時間內突然湧入大量使用者，出現預期之外的流量，造成網站有一段時間無法接受請求，這是設計之初沒有預想到要處理這麼大流量。當小網站設法將網址掛在 Reddit（社交新聞平台），Reddit 的死亡擁抱（*hug of death*）就常造成這些小型網站癱瘓。

降低 DoS 攻擊力道

要防禦大型的 DoS 攻擊是既昂貴又耗時，幸好，像我們這種小蝦米不太可能遭受像 2016 年打趴 Dyn 的那種攻擊規模，要達成那種攻擊規模，需要有龐大計畫和資源，只有極少數對手能做到那種程度，一般的部落格很難有機會收到每秒數 TB 的資料流！

但難免會碰到基於勒索目的的小型 DoS 攻擊，還是有必要採取一些保護措施，以下各節將介紹一些可考慮的對策，像防火牆、入侵防禦系統、DDoS 協防服務及高度可擴展的網站技術。

防火牆和入侵防禦系統

現今伺服器的作業系統均隨附軟體*防火牆*，可依照事先設定的安全規則監視和控制傳入和傳出伺服器的網路流量，防火牆能決定哪些端口可接受傳入流量，以及按照*存取控制規則*過濾特定 IP 位址的流量。在機構的網路邊界也會部署防火牆，避免不良的外部流量到達內部伺服器，多數防火牆可阻擋 ICMP 型的攻擊，並可將某個 IP 位址加入黑名單，這是封鎖單一來源流量的有效方法。

應用層防火牆（如 WAF）以代理伺服器（proxy）形態在網路堆疊的更高層運行，在 HTTP 和其他網際網路流量傳送至網路其餘部分之前，應用層防火牆會掃描傳入的流量是否損毀或帶有惡意請求，只要流量內容符合惡意簽章，就會被拋棄。由於廠商會隨時更新簽章，因此，能夠阻擋許多類型的駭客嘗試（例如 SQL 注入）及減輕 DoS 攻擊。除了像 ModSecurity 之類的開源工具之外，還有許多商用的應用層防火牆供應商（如 Norton 和 Barracuda Networks），有些產品則採用軟硬體整合方案。

入侵防禦系統（*IPS*）提供更完整的方法來保護網路，除具備防火牆和簽章比對外，還會尋找網路流量中的異常統計量及掃描磁碟裡異常變更的檔案，IPS 雖然不便宜，卻能提供有效的保護。

DDoS 攻擊的協防服務

面對複雜的 DoS 攻擊，攻擊封包與正常封包是很不容易區分的，流量本身是無罪的，關鍵在於內容的意圖和封包的數量是否懷有惡意，也就是說，單靠防火牆很難過濾攻擊封包。

許多公司有提供 DDoS 攻擊的協防保護（費用不貲），與 DDoS 解決方案的服務商合作時，需要將所有傳入機構的流量先繞送到服務商的資料中心，由該資料中心掃描內容及阻擋任何看似有害的流量，由於服務商能夠掌握惡意的網際網路活動，並擁有大量可用頻寬，可以利用啟發式防護手段來防止任何有害流量傳入你的機構。

CDN 通常可提供 DDoS 防護，因為它們分散在不同地理位置的資料中心，而且也負責處理客戶的靜態內容，如果託管在 CDN 的內容已經能滿足大部分請求，不需花費太多精力就能夠將其餘流量繞送到它的資料中心。

使用可擴展的架構

網站是遭到 DoS 攻擊，或者是瀏覽人數突然暴增？從許多方面來看，有時還真的不容易區分，如果網站原本設計就能應付突發的流量激增，便能保護自己免受大部分的 DoS 攻擊行為，至於網站該有多大規模，這可不是一個小議題，已有許多專書討論這個主題，也是很多機構的研究領域，讀者應該研究一些有效的靜態內容分流方式、快取資料庫查詢、以非同步方式處理長時間執行的任務，以及部署可橫向擴展的多 Web 伺服器架構。

藉由 CDN，將靜態內容（如圖片和字型檔案）的傳送交由第三方負責，可大大提高網站的回應速度及減少伺服器負載，整合 CDN 並不難，對於多數網站而言極具成本效益，還能夠大大減少 Web 伺服器須處理的請求流量。

一旦將靜態內容分流後，存取資料庫通常會成為下一個效能瓶頸，有效快取查詢結果，可以化解流量激增時的資料庫過載情況，快取資料可以儲存在磁碟、記憶體、或 Redis ／ Memcached 之類的共享快取，甚至瀏覽器也能提供某些快取協助，在特定資源（如圖片）的「`Cache-Control`」回應標頭告訴瀏覽器如何在本機保存資源複本，只要還未到更新時間，就直接使用本機快取的資源，不必向伺服器索取。

將長時間執行的任務排入工作佇列（*queue*），當流量增加時，Web 伺服器才能有合理的回應時間，減少對請求造成衝擊，這是一種將長時間處理的工作（如下載大檔或批次發送郵件）交由背景程式處理的 Web 架構，背景程式和 Web 伺服器分開部署，由後者負責建立任務並排入佇列，背景程式則從佇列逐一取出及執行任務，完成任務後，再將結果通知 Web 伺服器，可從 Netflix 技術部落格找到這種機制的應用原理，及建立可擴展的 Web 系統之應用範例，網址為：*https://medium.com/@NetflixTechBlog/*。

最後，還有一個能迅速擴展 Web 伺服器數量的建構策略，當面臨大量請求時可以提高處理能量，像亞馬遜網路服務公司（AWS）提供的基礎設施即服務（IaaS），就能夠將相同的伺服器映像檔重複部署在負載平衡器背後，透過 Heroku 這類平台，只要在 Web 儀表板移動滑桿就能輕易完成部署！託管服務的供應商也能提供監控流量的方法，而 Google Analytics 之類的工具也能追蹤網站在何時建立多少連線，當達到監視閾值時，只要再增加伺服器數量即可擴增處理能量。

小結

駭客利用大量封包淹沒伺服器，讓它無法為合法使用者提供服務而達成 DoS 目的，網路堆疊的各層協定都可能受到 DoS 攻擊，駭客也可以利用第三方反射或放大流量進行 DoS 攻擊，而最常發生的就是由駭客控制的殭屍網路發起之 DDoS。

適當的防火牆設定可以防止簡單的 DoS，應用層防火牆和 IPS 則可協助避免遭受複雜的攻擊，最全面（通常也最昂貴）的方案是和 DDoS 防禦服務商合作，由服務商將所有送往你的網路之不良流量過濾掉。

建構可適當擴展的網站，能夠降低所有類型 DoS 攻擊所造成的影響，包括非惡意的突增流量（突然湧入大量使用者）。CDN 可以分攤靜態內容傳遞，減輕網站的流量負擔；有效的快取機制可以避免資料庫成為效率瓶頸；將需要長時間處理的任務移至工作佇列，當 Web 伺服器滿載時仍能維持高效運轉。主動監控流量及架構可擴展 Web 伺服器，提早為可能的繁忙作業做好準備。

最後一章將為本書所介紹的各個漏洞做個總結！提供主要的安全防護原則、複習漏洞原理及防範之道。

SUMMING UP

18

總複習

SUMMING UP

終於來到本書結尾！本書涵蓋許多內容，是不是覺得神功已成，打算大展身手，建置一個安全可靠網站了。

在結束本書之前，還是做個重點複習，提供 21 條有關 Web 安全的戒律，能夠幫助讀者回憶各章的關鍵內容，循著這些步驟建置安全的 web 網站，讓駭客找不到可入侵的途徑。

自動化的發行程序

- 簡化程式建構程序，讓一條命令就能完成全部動作。
- 將程式碼交由源碼控制系統管理，且有明確的版本分支策略。
- 將組態檔與程式碼分開保管，能夠更輕鬆建構測試環境。
- 在版本正式發行之前，務必於測試環境驗證功能。
- 利用自動化機制將程式碼部署到每個環境上。
- 確保發布過程是可靠、可重現和可復原的。
- 掌握每個環境所執行的程式版本，並能夠以最簡單方式回退到前一個版本。

徹底執行源碼審查

- 在批准發行之前，至少要有一位團隊成員審查所變更的程式碼，而且審查人員與該程式的撰寫人員不是同一人。
- 要給審查人員有足夠時間檢視源碼，並將檢查程式碼與編寫程式碼同等重要的觀念灌輸給每一位團隊成員。

不厭其煩地測試程式碼

- 對於程式碼關鍵部分，應該撰寫良好的單元測試，並在建構過程中，對這些單元執行測試。
- 每次更改程式碼後，都要在持續整合伺服器上執行單元測試。
- 測量執行單元測試時的程式碼覆蓋率，並應嘗試增加覆蓋百分比。
- 在修復軟體錯蟲（bug）之前，應先編寫可重現此錯誤的測試程式。
- 不斷全面測試系統，直到恐懼變成無聊！

防範惡意輸入

駭客能夠操縱所有 HTTP 請求的內容，請做好萬全的應戰準備，應該採用參數化方式建構資料庫的查詢語句，和調用作業系統的命令，以預防可能的注入攻擊。

防範檔案上傳攻擊

若允許使用者將檔案上傳到網站，請確保這些檔案無法被執行，理想作法是將上傳的檔案託付給內容遞送網路（CDN），欲賦予檔案更細緻的權限，可以使用內容管理系統（CMS）來處理，若萬不得已，非得自己保管上傳的檔案時，請保存於獨立的磁碟分區中，並以不具執行權限方式寫入磁碟。

SUMMING UP

編寫 HTML 時應對內容進行轉義

駭客會想辦法將 JavaScript 偷渡到網站的資料庫裡或隱匿於 HTTP 參數中，嘗試將惡意腳本注入網頁，對於寫入網頁的任何動態內容均應進行轉義（escape）處理，使用安全的單元體編碼替換 HTML 的控制字元。

用戶端和伺服器端都應該保護 HTML 原始碼的安全！如果可能，請使用 `Content-Security-Policy` 回應標頭，要求瀏覽器停用內聯 JavaScript。

不可信任其他網站的 HTTP 請求

- 來自其他網域的 HTTP 請求，可能具有惡意企圖，例如誘拐你的用戶去點擊偽裝的鏈結。
- 確保網站只為 `GET` 請求提供讀取資源服務，不具額外功能，如新增或修改資源內容。
- 將 HTML 表單及 JavaScript 發起的任何 HTTP 請求都加入防偽 Cookie 符記，確保 `GET` 之外的請求（如帳號登入的 `POST` 請求）皆源自你的網站。
- 將「`SameSite`」屬性加到「`Set-Cookie`」的回應標頭，瀏覽器發送來自其他網域的請求時，便不會一併傳送這些 Cookie。

對密碼進行加鹽雜湊

如果將密碼儲存在資料庫中，請將密碼經過強健的雜湊函數（如 `bcrypt`）加密後再儲存。執行雜湊加密時，可以添加隨機產生的鹽值，以增加雜湊強度。

別輕易承認使用者身分

- 必須確認當前使用者真的是當初在網站註冊的那個人。
- 登入頁面和密碼重設頁面不應淪為駭客挖掘網站使用者名單的工具，不論是帳號或密碼錯誤，都應該回應通用訊息，不要讓駭客可以判別是帳號錯誤或密碼錯誤。

保護 Cookies

駭客若能偷到使用者的 Cookie，就可以劫持使用者的身分，請在 `Set-Cookie` 回應標頭中加入「`HttpOnly`」，讓惡意 JavaScript 無法讀取 Cookie；加入「`Secure`」關鍵字，強制以 HTTPS 傳送 Cookie。

保護機敏資源（就算鏈結未出現在網頁裡）

對於使用者提交的 HTTP 請求，應確實檢核使用者擁有存取該資源的權限，即使該資源的鏈結不是出現在網頁或其他資源上。

避免使用直接檔案參照

請避免透過 HTTP 請求傳遞和評估檔案路徑，利用 Web 伺服器內建的 URL 解析機制來判斷通往資源的路徑，或利用外界難以猜測的識別符號來引用檔案。

不要洩漏資訊

- 盡所能減少洩漏 Web 使用的技術，讓駭客無法得到足夠情資。
- 移除 HTTP 的「`Server`」回應標頭，且以一般性文字作為「`Set-Cookie`」標頭的 session 名稱。
- URL 所參照的資源不要帶有檔案的副檔名。
- 確保正式環境不會將詳細的錯誤內容回報給用戶端。
- 系統建構程序應加入模糊化及壓縮 JavaScript 程式庫的機制。

SUMMING UP

正確使用加密機制

- 為網域購買安全憑證，將其與私鑰一併安裝在 Web 伺服器上。
- 將所有流量轉移到 HTTPS，並在「Set-Cookie」回應標頭加上「Secure」關鍵字，確保 Cookie 不會使用未加密的 HTTP 發送。
- 定期更新你的 Web 伺服器系統，維持加密標準在最高水準。

確保第三方元件及服務的安全性

- 在建構過程中，利用套件包管理員匯入第三方程式碼，並維護套件包版號。
- 隨時掌握所用套件包的安全公告，並定期執行更新。
- 將組態內容安全地儲存在源碼控制系統之外，以防正式環境的組態資料隨源碼散發出去！
- 要以 SafeFrame 標準控制投放到你的網頁上之任何廣告。

化解 XML 解析器的危機

關閉 XML 解析器處理內聯型 DTD 的功能。

安全地發送電子郵件

- 使用 DNS TXT 紀錄保存 SPF 設定，以白名單方式限制可從網域發送電子郵件的伺服器。
- 允許郵件收件系統驗證你網域所發送的電子郵件之「寄件者」（From），並利用 DKIM 檢查電子郵件是否遭到竄改。

檢查網址重導向方式

如果網站會利用附加在 HTTP 請求裡的 URL 進行重導向（例如使用者登入後導回原瀏覽頁），請檢查該 URL 的網域是否合理，不會指向非預期的網站，否則，駭客可以利用開放式重導向漏洞，將惡意鏈結隱藏在電子郵件中。

防止網站內容被嵌入頁框中

除非有特殊需要，否則別讓網頁被嵌在 `<iframe>` 裡，透過「`Content-Security-Policy: frame-ancestors 'none'`」回應，可以防止網頁被嵌入 <iframe>。

限縮帳戶的權限

思考駭客入侵系統後，可能會執行哪些惡意行為？該如何減低這類衝擊？

- 遵循最小權限原則，確保每個執行程序和軟體組件僅以完成任務所需的最小權限運行。
- 確認 Web 伺服器的程式沒有以作業系統的最高管理員（root）身分運行。
- 限制 Web 伺服器可存取的磁碟目錄。
- 防止 Web 伺服器執行不必要的網路呼叫。
- 讓 Web 伺服器使用低權限的帳號連接到資料庫。

監控流量，提早因應流量激增情況

- 使用即時監控來偵測網站可能遭遇的大流量。
- 利用 CDN、用戶端 Cookie、快取機制和非同步處理等方法，建置可擴展規模的系統。
- 要能夠輕易擴展網站所部署的伺服器數量。
- 如果惡意流量會對網站造成問題，就該部署防火牆或入侵防禦系統，或尋求 DDoS 協防服務。

Web 開發者一定要懂的駭客攻防術

作　　者：Malcolm McDonald
譯　　者：江湖海
企劃編輯：莊吳行世
文字編輯：王雅雯
設計裝幀：張寶莉
發 行 人：廖文良

發 行 所：碁峰資訊股份有限公司
地　　址：台北市南港區三重路 66 號 7 樓之 6
電　　話：(02)2788-2408
傳　　真：(02)8192-4433
網　　站：www.gotop.com.tw
書　　號：ACN036300
版　　次：2021 年 03 月初版
　　　　　2024 年 09 月初版九刷
建議售價：NT$420

國家圖書館出版品預行編目資料

Web 開發者一定要懂的駭客攻防術 / Malcolm McDonald 原著；江湖海譯. -- 初版. -- 臺北市：碁峰資訊, 2021.03
面；　公分
譯自：Web Security for Developers: Real Threats, Practical Defense
ISBN 978-986-502-740-7(平裝)
1.資訊安全　2.電腦網路
312.76　　　110001976